江西理工大学清江学术文库

富锂锰基层状正极材料的
低热固相法制备、结构演变及改性

李 栋 著

北 京

冶 金 工 业 出 版 社

2022

内 容 提 要

本书共7章，分别介绍富锂锰层状正极材料的合成工艺及其电化学特征，循环过程中的结构演变及改性，低热固相合成富锂锰基正极材料的反应机理，低热固相法制备 $0.5Li_2MnO_3 \cdot 0.5LiMn_{0.5}Ni_{0.5}O_2$ 正极材料，此外，还详细阐述了低热固相法制备的富锂锰基层状正极材料的掺杂改性和表面包覆改性。本书创新性强，可为开发新型锂离子电池正极材料提供借鉴。

本书可作为材料类专业高等院校师生的教学参考书，也可供从事锂电池材料领域的企业、科研院所的科研人员、技术人员阅读。

图书在版编目（CIP）数据

富锂锰基层状正极材料的低热固相法制备、结构演变及改性/李栋著.
—北京：冶金工业出版社，2019.9（2022.1 重印）
ISBN 978-7-5024-8253-4

Ⅰ．①富…　Ⅱ．①李…　Ⅲ．①锂电池—阳极—材料—研究
Ⅳ．①TM912

中国版本图书馆 CIP 数据核字（2019）第 205220 号

富锂锰基层状正极材料的低热固相法制备、结构演变及改性

出版发行	冶金工业出版社		电　话	(010)64027926
地　址	北京市东城区嵩祝院北巷 39 号		邮　编	100009
网　址	www.mip1953.com		电子信箱	service@mip1953.com

责任编辑　王梦梦　美术编辑　吕欣童　版式设计　禹　蕊
责任校对　郭惠兰　责任印制　禹　蕊
北京建宏印刷有限公司印刷
2019 年 9 月第 1 版，2022 年 1 月第 2 次印刷
710mm×1000mm　1/16；7 印张；141 千字；105 页
定价 52.00 元

投稿电话　(010)64027932　投稿信箱　tougao@cnmip.com.cn
营销中心电话　(010)64044283
冶金工业出版社天猫旗舰店　yjgycbs.tmall.com
（本书如有印装质量问题，本社营销中心负责退换）

前　言

锂离子电池具有能量密度高、环境污染小等优点，已广泛应用于便携式电子产品、储能系统和动力领域。目前，高能量密度电池，尤其为满足电动汽车长续航里程的迫切需求，比能量达到400Wh/kg成为电池下一阶段的核心指标。针对该指标，不论是传统电池性能的提升还是下一代全固态金属锂电池的推广，作为锂离子电池的重要组成部分，开发具有高比容量、大输出功率、长使用寿命、高安全性和低成本的正极材料将是今后的发展趋势。

多锂体系正极材料在电池充放电过程中有更多的锂离子参与脱嵌，成为最佳的候选材料之一；但晶格中不同锂位的锂离子脱嵌过程中所需活化能不同，在电池充放电过程通常含有多个不同的电压平台，这为多锂体系正极材料的实际应用带来较大的困难。作为多锂体系材料的一种，富锂锰层状材料首次充电过程中含有两个电压平台，但在第二次以后的循环过程中，与传统的层状正极材料具有类似的特征。富锂锰层状材料具有超过250mAh/g的放电比容量，且锰资源丰富、价格低廉，具有广阔的应用前景，引发科研和产业领域人员的广泛关注。

目前，富锂锰层状材料的合成方法主要为共沉淀法，其优点是在合成过程中实现材料分子水平上的均匀混合，有利于形成结构理想的固溶体材料；获得粒径和形貌可控的正极材料。然而，为了去除反应体系引入的杂质离子（如：Na^+、NO_3^-、SO_4^{2-}），需对共沉淀后的前驱体反复洗涤，这会产生大量的废水，并导致材料中各元素的化学计量无法准确控制。另外，合成的前驱体在干燥过程中，会出现 Mn^{2+} 不同程度的氧化，从而影响后续配锂量的准确性，导致最终合成产物中出现杂质相，影响了材料的结构和电化学性能。而低热固相合成工艺不仅可以避免这些问题，而且由于合成工艺简单、烧成温度低、可一次烧成等优点，便于锂离子电池正极材料的产业化，本书提供了采用低热固相法合成高容量富锂锰基层状正极材料的系统内容。

此外，本书针对富锂锰基正极材料存在首次可逆效率低、倍率和循环性能差的现象，深入探讨了充放电过程中材料结构的演变机制，分析了其对材料结构的稳定性和锂离子脱嵌速率的影响，为富锂锰材料的改性提供理论基础；采用低热固相法制备出元素掺杂和改性后的材料具有良好的倍率和循环性能，可为富锂锰层状正极材料的开发利用提供理论基础和技术支撑，为大规模生产提供借鉴。本书可供材料特别是锂电池材料领域的研究人员等阅读参考。

本书撰写内容对应的研究工作得到了周国治教授和连芳教授的悉心指导，在此深表谢意，同时对李丽芬老师、李福燊老师、仇卫华老师和钟盛文老师提供的帮助一并表示感谢。

本书由江西理工大学清江学术文库资助出版，作者在此表示衷心的感谢。

由于作者水平所限，书中不足之处，敬请专家和读者批评指正。

作　者

2019 年 5 月

目　录

1　富锂锰基层状正极材料的提出及合成 ···················· 1

1.1　富锂锰基层状正极材料的提出与结构特征 ············· 1

1.2　富锂锰基层状正极材料的合成 ······················ 2

1.2.1　液相共沉淀法 ······························ 3

1.2.2　溶胶-凝胶法 ······························· 3

1.2.3　水热法 ································· 4

1.2.4　低热固相法 ······························ 4

参考文献 ···································· 5

2　富锂锰基层状正极材料的电化学特征 ···················· 9

2.1　首次充放电特性与首次可逆效率 ···················· 9

2.2　循环性能 ································· 10

2.3　倍率性能 ································· 12

2.4　高低温性能 ······························· 13

2.5　热稳定性 ································· 13

参考文献 ···································· 14

3　富锂锰基层状正极材料循环过程中的结构演变与改性 ·········· 17

3.1　充放电过程中富锂锰层状正极材料的结构演变 ··········· 17

3.2　富锂锰层状正极材料的表面改性 ···················· 18

3.2.1　碳表面包覆改性 ···························· 18

3.2.2　氧化物表面包覆改性 ························· 20

3.2.3　氟化物表面包覆改性 ························· 23

3.2.4　磷酸盐表面包覆改性 ························· 27

3.2.5　其他物质包覆改性 ·························· 29

3.2.6　表面改性机理探讨 ·························· 31

3.3　富锂锰基层状正极材料的掺杂改性 ·················· 32

3.4　本章小结 ································· 33

参考文献 ···································· 34

4 低热固相合成富锂锰基层状正极材料的反应机理 ················ 43

  4.1 低热固相合成富锂锰基层正极材料的工艺过程 ············· 43

  4.2 低热固相合成材料前驱体反应机理 ···················· 44

  4.3 正极材料前驱体焙烧过程的反应机理 ·················· 48

  4.4 本章小结 ································· 52

  参考文献 ···································· 53

5 低热固相法制备 $0.5Li_2MnO_3 \cdot 0.5LiMn_{0.5}Ni_{0.5}O_2$ 正极材料 ·········· 54

  5.1 配锂量对正极材料性能的影响 ······················ 54

  5.2 烧成工艺的优化 ······························· 58

    5.2.1 烧成温度对材料结构和电化学性能的影响 ·········· 58

    5.2.2 烧成气氛对材料性能的影响 ················ 64

  5.3 本章小结 ································· 74

  参考文献 ···································· 75

6 富锂锰基层状正极材料的掺杂改性 ···················· 76

  6.1 $0.5Li_2MnO_3 \cdot 0.5LiMn_{0.5}Ni_{0.5}O_2$ 正极材料的 Fe 掺杂 ········· 76

    6.1.1 Fe 掺杂 $0.5Li_2MnO_3 \cdot 0.5LiMn_{0.5}Ni_{0.5}O_2$ 的合成动力学 ··· 77

    6.1.2 Fe 掺杂量的不同对结构和形貌的影响 ··········· 85

    6.1.3 Fe 掺杂量的不同对电化学性能的影响 ··········· 89

  6.2 $0.5Li_2MnO_3 \cdot 0.5LiMn_{0.5}Ni_{0.5}O_2$ 正极材料的 Co 掺杂 ········· 90

    6.2.1 Co 掺杂正极材料的结构特征和形貌分析 ·········· 90

    6.2.2 Co 掺杂材料的电化学性能 ················ 93

  6.3 本章小结 ································· 94

  参考文献 ···································· 95

7 富锂锰基层状正极材料的表面包覆改性 ················· 97

  7.1 $AlPO_4$ 表面改性富锂锰基层状正极材料的制备 ··········· 97

  7.2 $AlPO_4$ 表面改性后正极材料的结构与形貌 ············· 98

  7.3 $AlPO_4$ 表面改性后正极材料的电化学性能 ············ 101

  7.4 本章小结 ································ 104

  参考文献 ··································· 104

1 富锂锰基层状正极材料的提出及合成

1.1 富锂锰基层状正极材料的提出与结构特征

以 $LiCoO_2$ 为代表的层状正极材料成为最早用于商品化锂离子电池的正极材料，也是目前广泛应用于小型便携式电子设备（移动电话、笔记本电脑及小型摄像机）的正极材料[1,2]。然而，高电位下，$Li_{1-x}CoO_2$ 的结构极不稳定。当锂的脱出量 $x>0.65$ 时，C 轴急剧缩短，体积产生急剧变化[3]，同时，Co^{3+} 氧化成的 Co^{4+} 会出现部分溶解，导致结构损坏，使得电化学性能恶化；当 $0.75<x<0.85$ 时，出现单斜相 M2；$x>0.85$ 时，单斜相 M2 转变成 CdI_2 结构的 O1 相[3]。在 $LiCoO_2$ 脱锂过程即充电过程中可以看出：轻度过充就会使其热稳定性和循环性恶化。

1999 年 Numata 等人[4]为改善 $LiCoO_2$ 正极材料的高电位稳定性和结构稳定性，设计了层状固溶体材料 $Li_2MnO_3 \cdot LiCoO_2$，Li_2MnO_3 也可表示为 $Li(Li_{1/3}Mn_{2/3})O_2$，研究发现 Li_2MnO_3 成分的引入使材料在 4.3V 时仍能够保持较好的结构稳定性，但随着 Li_2MnO_3 含量的增加，材料的放电比容量逐渐下降。2001 年 Dahn 等人[5]以 $Li(Li_{1/3}Mn_{2/3})O_2$ 为基体，通过引入 Ni^{2+} 部分替换过渡金属层的 Li^+ 和 Mn^{4+}，设计了 $Li[Ni_xLi_{(1/3-2x/3)}Mn_{(2/3-x/3)}]O_2$ 固溶体材料。在 3.0~4.4V 范围内，对合成的正极材料进行充放电测试，结果发现在 30℃ 和 55℃ 下，放电容量分别达到 150mAh/g 和 160mAh/g，且具有良好的循环稳定性；当充放电的电压范围为 2.0~4.6V 时，Dahn 等人出乎意料地发现在 30℃ 和 55℃ 下，材料的放电容量分别提高至 200mAh/g 和 220mAh/g。2002 年 Dahn 等人[6]又将充电截止电压增加到 4.8V，发现在 2.0~4.45V 时，充放电过程具有良好的可逆性；但当电压升高至 4.8V 时，首次充电曲线在 4.5~4.8V 出现了一个长的平台，首次充放电过程中出现了较大的不可逆容量。Dahn 等人[7]发现 $Li[Cr_xLi_{(1/3-2x/3)}Mn_{(2/3-x/3)}]O_2$ 在充放电过程中表现出了相同的电化学特征。

综上可以看出：在低于 4.45V 的电化学反应过程中，Li_2MnO_3 的引入能够提高层状材料的结构稳定性、循环稳定性以及高温电化学性能；当充电截止电压高于 4.45V 时，则表现出高的放电比容量。另外，由于锰资源丰富，生产成本低，便于推广应用。因此，从 2002 年以后，此类正极材料得以迅速发展，如 $yLi_2MnO_3 \cdot (1-y)LiNi_{1-x}Co_xO_2$、$xLi_2MnO_3 \cdot (1-x)LiMn_{1/3}Ni_{1/3}Co_{1/3}O_2$

以及由 Li_2MnO_3 与 $LiMn_{1/2}Ni_{1/2}O_2$ 形成的无钴层状固溶体正极材料 $Li[Li_{x/3}Ni_{(1/2-x/2)}Mn_{(1/2+x/6)}]O_2$ 等。随着此类固溶体体系研究的日渐成熟，该类固溶体被称为富锂锰基层状氧化物（Li-rich manganese layered oxides 或 Li-excess manganese layered oxides）。富锂锰基层状正极材料一般可以用以下 3 种形式进行表示：$Li_{(1+x)}M_{(1-x)}O_2$，$xLi_2MnO_3 \cdot (1-x)LiMO_2$ 和 $xLi(Li_{1/3}Mn_{2/3})O_2 \cdot (1-x)LiMO_2$。

图 1-1（a）为 $LiMO_2$ 的晶体结构（空间群：$R\bar{3}m$，M = Ni、Co、Mn、Fe、Cr 等），图 1-1（b）为 Li_2MnO_3 的晶体结构（空间群：$C2/m$）。Li_2MnO_3 具有与 $LiMO_2$ 相似的层状结构，属于单斜晶系，其中在过渡金属层中 1/3 的位置被锂占据，因此过渡金属层中 Li 和 Mn 以 1∶2 的形式交替排布，又可以写成 $Li(Li_{1/3}Mn_{2/3})O_2$ 的形式，如图 1-1（b）所示[8]。

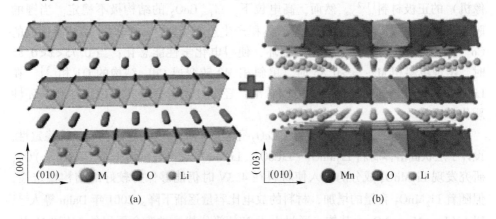

图 1-1　$LiMO_2$ 的晶体结构（空间群：$R\bar{3}m$，M=Ni、Co、Mn、Fe、Cr 等）（a）；
Li_2MnO_3 的晶体结构（空间群：$C2/m$）[8]（b）

对于该类材料结构的认识，目前主要存在两种观点：（1）六方相 $LiMO_2$ 与单斜相 Li_2MnO_3 形成的固溶体结构。对于该固溶体结构的理解也有两种不同的观点：1）属于 $R\bar{3}m$ 空间群，晶体中存在有 Li_2MnO_3 的超晶格结构[9~11]；2）属于部分有序的 $C/2m$ 单斜相固溶体结构[9]，沿着过渡金属面 $(001)_M$ 存在大量的面缺陷。（2）六方相 $LiMO_2$ 与单斜相 Li_2MnO_3 共存的两相结构[12~15]。

1.2　富锂锰基层状正极材料的合成

富锂锰基层状正极材料具有复杂、独特的结构特征，合成方法对同种组分材料中过渡元素原子周围的局域环境、材料的结构和电化学性能有着重要的影响。目前，富锂锰基层状正极材料的合成方法，大致可以归纳为：液相共沉淀法[16~19]、溶胶凝胶法[20,21]、水热合成法、固相法[22,23]、低热固相法[24,25]

等, 其中直接采用固相法合成的正极材料形貌、成分均一等方面难以控制, 且在富锂锰基层状正极材料的研究领域应用报道较少, 因此不做详细介绍。

1.2.1 液相共沉淀法

液相共沉淀法是目前富锂正极材料合成中较常用且工艺成熟的一种合成方法。根据共沉淀剂的不同可分为碳酸盐共沉淀法[26~30] 和氢氧化物共沉淀法[31~34]。高敏等人[26] 采用碳酸盐共沉淀得到 MCO_3 ($M = Mn$、Ni) 与 $LiOH \cdot H_2O$ 混合研磨后, 850℃焙烧合成出富锂锰基层状正极材料 $Li[Li_{0.17}Mn_{0.58}Ni_{0.25}]O_2$, 3C 放电首次放电比容量达 158mAh/g, 循环 100 次后容量保持率为 95%。连芳等人[27] 以碳酸钠为沉淀剂制备出的 $Li_{1.123}[Mn_{0.63}Ni_{0.37}]_{0.877}O_2$ 在 2.5~4.7V, 0.5C 放电时, 500 次循环后, 容量保持率高达 89%。Lee 等人[30] 采用 Ni 和 Mn 的硫酸盐、沉淀剂 Na_2CO_3 以及 NH_4OH 螯合剂反应合成球形 $Ni_{0.25}Mn_{0.75}CO_3$ 前驱体。经过预烧后与锂盐混合, 通过高温焙烧得到球形正极材料。在 2.0~4.6V 时的首次放电比容量约为 270mAh/g, 50 次循环后容量基本未衰减。钟盛文等人[31] 采用 NaOH 共沉淀制备出的类球形 $Li[Li_{0.2}Mn_{0.54}Ni_{0.13}Co_{0.13}]O_2$, 2.75~4.6V, 1C 倍率下首次放电比容量高达 247.9mAh/g。Lu 等人[33] 以 LiOH 为沉淀剂制备了前驱体 $M(OH)_2$, 与 $LiOH \cdot H_2O$ 混合研磨后焙烧合成出高比容量富锂层状锰基正极材料 $Li[Ni_xLi_{1/3-2x/3}Mn_{2/3-x/3}]O_2$。在 2.0~4.6V, 其可逆放电比容量高达 230mAh/g。Sun 等人[34] 以 NaOH 为沉淀剂, NH_4OH 为螯合剂, 合成了具有高振实密度的球形氢氧化物前驱体 $Ni_{0.2}Co_{0.1}Mn_{0.7}(OH)_2$, 与 $LiOH \cdot H_2O$ 混合研磨后, 高温焙烧合成出正极材料。材料的振实密度分别为 1.52 g/cm^3, 并且在 2C 时放电比容量达 202mAh/g。

1.2.2 溶胶-凝胶法

溶胶-凝胶法是指通过有机或无机化合物的水解等过程形成溶胶, 在一定条件下胶凝、固化后, 经过高温热处理制备材料的一种工艺。该工艺制备出的产物成分均匀、纯度高、颗粒小、化学计量比精确可控, 且具有合成温度低和反应时间短等优点。Kim 等人[35,36] 将 $M(Ac)_2 \cdot 4H_2O$ ($M = Mn$、Ni、Co) 溶解到去离子水中, 用乙醇酸作为络合剂, 在反应过程中滴加 NH_4OH 调节 pH 值为7.0~7.5, 然后在 70~80℃下蒸发得到透明胶体。胶体在450℃下焙烧 5h 得到粉末, 球磨后于950℃保温 20h, 淬冷至室温, 得到 $Li[Li_xNi_{(1-3x)/2}Mn_{(1-x)/2}]O_2(0<x<0.3)$ 正极材料。在电压范围 2.5~4.6V, 放电比容量为 184~195mAh/g, 并表现出优异的循环性能。苏岳峰等人[37] 采用过渡金属乙酸盐和乙酸锂为原料, 柠檬酸为螯合剂, 将反应生成物于 900℃下煅烧 12h, 合成了富锂正极材料 $xLi_2MnO_3 \cdot (1-x)Li[Mn_{1/3}Ni_{1/3}Co_{1/3}]O_2$。在 2.0~4.8V 范围内, 以 20mAh/g 的电流进行充放电时, 其首次放电比容量高达 260mAh/g, 循环 40 次后的放电比容量为

244.7mAh/g，容量保持率为94.12%。

1.2.3 水热法

水热法是在一定温度（100～1000℃）和压强（1～100 MPa）下，采用水作为反应介质发生化学反应，具有相对低的合成温度，以及在封闭容器中进行，避免了组分挥发等优点。Kim 等人[38]以 $Co_{0.35}Mn_{0.65}O_2$ 为前驱体，与 $LiNO_3$ 在 200℃ 下通过水热法合成厚度约为 20nm、大小约 100nm 的纳米片 $Li_{0.93}[Li_{0.21}Co_{0.28}Mn_{0.51}]O_2$。在 2.0～4.8V，0.1C 条件下，首次放电比容量为 258mAh/g，充放电效率为 78%，30 次循环后的容量保持率为 95%，4C 放电比容量为 0.1C 放电比容量的 84%。Hong 等人[39]将 $Ni_{0.3}Mn_{0.7}O_2$ 与 LiOH 混合物在 200℃，pH=2 条件下加热 5h 得到粒径为 30nm 的纳米线状 $Li[Li_{0.15}Ni_{0.25}Mn_{0.60}]O_2$ 材料，在电压范围 2.0～4.8V，0.3C 条件下，首次放电容量达到 311mAh/g，首次充放电效率为 85%，4C 放电比容量为 0.3C 的 95%。Lee 等人[40]以 $Co_{0.4}Mn_{0.6}O_2$ 为前驱体，与 $LiNO_3 \cdot H_2O$ 在 200℃ 水热合成纳米线 $Li_{0.88}[Li_{0.18}Co_{0.33}Mn_{0.49}]O_2$，在 2.0～4.8V，15C(3600mA/g) 条件下，放电比容量高达 230mAh/g，具有非常好的倍率性能。Wei 等人[41]通过水热法以醋酸锰、醋酸镍和醋酸锂为原料，草酸为沉淀剂，以乙酸为添加剂，在 150～200℃ 的水热釜中保温 6～12h，产物旋转蒸发干燥后获得前驱体。前驱体在 450℃ 保温 4～5h，然后在 500℃ 保温 3～5h，最后在 900℃ 保温 8～16h 合成了沿（100）或（010）面择优生长的 $Li[Li_{1/3-2x/3}Ni_xMn_{2/3-x/3}]O_2$ 纳米片。在 2.0～4.8V，6C 条件下，放电容量为 197mAh/g，是 0.1C 条件下放电容量的 80%，0.2C 时，100 次循环后放电容量仍有 238mAh/g。

1.2.4 低热固相法

与上述液相方法相比，低热固相法具有工艺简单，合成条件易控制、合成时间短等优点，同时具备与液相法相同甚至更低的烧成温度，在锂离子电池正极材料的合成中有着广阔的应用前景。Madhu 等人[42]通过以乙酸钴（M(Ac)$_2 \cdot$4H$_2$O（M=Mn、Ni、Co））和乙酸锂（LiAc）为原料，研磨后加热至 450℃ 保温 6h，然后研磨压片升温至 975℃ 保温 5h，液氮淬冷得到最终合成的材料。在 2.0～4.6V，1/15C 条件下，首次放电比容量为 244mAh/g，且具有较高的库仑效率和良好的循环稳定性。Yu 等人[43,44]将乙酸（$H_2C_2O_4 \cdot 2H_2O$）和（$LiOH \cdot H_2O$）用搅拌机混合均匀，再将过渡金属乙酸盐（M(Ac)$_2 \cdot$4H$_2$O（M=Mn、Ni、Co））按化学计量比称量，用搅拌机混合均匀 1h 得到前驱体，将前驱体 150℃ 真空干燥 24h 后，先升温至 350℃ 保温 4h，然后升温至 700℃ 保温 15h 合成富锂正极材料。最终合成的材料，在 2.5～4.6V，放电电流为 0.5C 时，随着循环的进行，放电容量由起始

的 100mAh/g 逐渐升高达到最高值约 220mAh/g。容量上升的现象与材料结构的
不稳定和不均一有着重要的关联，作者[24,25,45,46]采用改进后的低热固相合成工
艺获得富锂锰层状正极材料的前驱体，450℃保温 6h，继续升温至烧成温度保温
15h，制备出物相单一、结构均匀、电化学性能优异的富锂锰基层状正极材料；
并系统研究了低热固相反应制备材料前驱体和焙烧过程中的反应机理[24,46]。

参 考 文 献

[1] Wang Y, Jiang J, Dahn J R. The reactivity of delithiated Li（$Ni_{1/3}$ $Co_{1/3}$ $Mn_{1/3}$）O_2, Li（$Ni_{0.8}Co_{0.15}Al_{0.05}$）$O_2$ or $LiCoO_2$ with non-aqueous electrolyte[J]. Electrochem. Commun. , 2007, 9：2534-2540.

[2] Hwang B J, Chen C Y, Cheng M Y, et al. Mechanism study of enhanced electrochemical performance of ZrO_2-coated $LiCoO_2$ in high voltage region[J]. J. Power Sources, 2010, 195 (13)：4255-4265.

[3] Ohzuku T, Ueda A. Solid-state redox reactions of $LiCoO_2$ （$R\bar{3}m$）for 4 volt secondary lithium cells[J]. J. Electrochem. Soc. , 1994, 141 (11)：2972-2977.

[4] Numata K, Sakaki C, Yamanaka S. Synthesis and characterization of layer structured solid solutions in the system of $LiCoO_2$-Li_2MnO_3[J]. Solid State Ion. , 1999, 117 (3-4)：257-263.

[5] Lu Z, MacNeil D D, Dahn J R. Layered cathode materials Li[$Ni_x$$Li_{(1/3-2x/3)}$ $Mn_{(2/3-x/3)}$]O_2 for lithium-ion batteries[J]. Electrochem. Solid-State Lett. , 2001, 4 (11)：A191-A194.

[6] Lu Z, Dahn J R. Understanding the anomalous capacity of Li[$Ni_x$$Li_{(1/3-2x/3)}$ $Mn_{(2/3-x/3)}$]O_2 cells using in situ X-ray diffraction and electrochemical studies[J]. J. Electrochem. Soc. , 2002, 7 (149)：A185-192.

[7] Lu Z, Dahn J R. Structure and electrochemistry of layered Li[$Cr_x$$Li_{(1/3-2x/3)}$ $Mn_{(2/3-x/3)}$]O_2[J]. J. Electrochem. Soc. , 2002, 149 (11)：A1454-A1459.

[8] Yu H, Zhou H. High-energy cathode materials（Li_2MnO_3-$LiMO_2$）for lithium-ion batteries[J]. J. Phys. Chem. Lett. , 2013, 4 (8)：1268-1280.

[9] Meng Y S, Ceder G, Grey C P, et al. Cation ordering in layered O_3 Li[$Ni_x$$Li_{1/3-2x/3}$$Mn_{2/3-x/3}$]$O_2$ （$0 \leqslant x \leqslant 1/2$）compounds[J]. Chem. Mat. , 2005, 17 (9)：2386-2394.

[10] Jarvis K A, Deng Z, Allard L F, et al. Atomic structure of a lithium-rich layered oxide material for lithium-ion batteries：Evidence of a solid solution[J]. Chem. Mat. , 2011, 23 (16)：3614-3621.

[11] Strobel P, Lambert-Andron B. Crystallographic and magnetic structure of Li_2MnO_3[J]. J. Solid State Chem. , 1988, 75 (1)：90-98.

[12] Yu H, Ishikawa R, So Y G, et al. Direct atomic-resolution observation of two phases in the $Li_{1.2}Mn_{0.567}Ni_{0.166}co_{0.067}O_2$ cathode material for lithium-ion batteries[J]. Angew. Chem. -

Int. Edit. , 2013, 52: 5969-5973.

[13] Arunkumar T A, Wu Y, Manthiram A. Factors influencing the irreversible oxygen loss and reversible capacity in layered Li [Li$_{1/3}$ Mn$_{2/3}$] O$_2$-Li [M] O$_2$ (M = Mn$_{0.5-y}$ Ni$_{0.5-y}$ Co$_{2y}$ and Ni$_{1-y}$Co$_y$) solid solutions[J]. Chem. Mat. , 2007, 19: 3067-3073.

[14] Croy J, Kim D, Balasubramanian M, et al. Countering the voltage decay in high capacity xLi$_2$MnO$_3$(1 - x) LiMO$_2$ for Li-ion batteries [J] . J. Electrochem. Soc. , 2012, 15 (6): A781-790.

[15] Meng G, Ilias B, Zheng J, et al. Formation of the spinel phase in the layered composite cathode used in Li-ion batteries[J]. ACS Nano, 2013, 7 (1): 760-767.

[16] Yabuuchi N, Yoshii K, Myung S-T, et al. Detailed studies of a high-capacity electrode materials for rechargeable batteries, Li$_2$MnO$_3$-LiMn$_{1/3}$ Ni$_{1/3}$ Co$_{1/3}$ O$_2$ [J] . J. Am. Chem. Soc. , 2011, 133: 4404-4419.

[17] Jeong J H, Jin B S, Kim W S, et al. The influence of compositional change of 0. 3Li$_2$MnO$_3$ · 0. 7LiMn$_{1-x}$Ni$_y$Co$_{0.1}$O$_2$ (0. 2$\leqslant$$x$$\leqslant$0. 5, y=x-0. 1) cathode materials prepared by co-precipitation[J]. J. Power Sources, 2011, 196 (7): 3439-3442.

[18] Zhang X, Yu C, Huang X, et al. Novel composites Li[Li$_x$Ni$_{0.34-x}$ Mn$_{0.47}$ Co$_{0.19}$]O$_2$ (0. 18$\leqslant$$x$$\leqslant$ 0. 21): Synthesis and application as high-voltage cathode with improved electrochemical performance for lithium ion batteries[J]. Electrochim. Acta, 2012, 81: 233-238.

[19] Yu C, Li G, Guan X, et al. Composites Li$_{1+x}$Mn$_{0.5+0.5x}$Ni$_{0.5-0.5x}$O$_2$ (0. 1 $\leqslant$$x$$\leqslant$ 0. 4): optimized preparation to yield an excellent cycling performance as cathode for lithium-ion batteries [J]. Electrochim. Acta, 2012, 61: 216-224.

[20] Santhanam R, Rambabu B. High rate cycling performance of Li$_{1.05}$Ni$_{1/3}$Co$_{1/3}$Mn$_{1/3}$O$_2$ materials prepared by sol-gel and co-precipitation methods for lithium-ion batteries[J]. J. Power Sources, 2010, 195 (13): 4313-4317.

[21] Yang X, Wang X, Wei Q, et al. Synthesis and characterization of a Li-rich layered cathode material Li$_{1.15}$ [(Mn$_{1/3}$Ni$_{1/3}$Co$_{1/3}$)$_{0.5}$(Ni$_{1/4}$Mn$_{3/4}$)$_{0.5}$]$_{0.85}$O$_2$ with spherical core-shell structure [J]. J. Mater. Chem. , 2012, 22 (37): 19666-19672.

[22] Wang J, Qiu B, Cao H, et al. Electrochemical properties of 0. 6 Li [Li$_{1/3}$ Mn$_{2/3}$] O$_2$ · 0. 4LiNi$_x$Mn$_y$Co$_{1-x-y}$O$_2$ cathode materials for lithium-ion batteries [J]. J. Power Sources, 2012, 218: 128-133.

[23] West W C, Soler J, Ratnakumar B V. Preparation of high quality layered-layered composite Li$_2$MnO$_3$-LiMO$_2$ (M= Ni, Mn, Co) Li-ion cathodes by a ball milling-annealing process [J]. J. Power Sources, 2012, 204: 200-204.

[24] Li D, Lian F, Hou X-m, et al. Reaction mechanisms for 0. 5Li$_2$MnO$_3$ · 0. 5Li Mn$_{0.5}$Ni$_{0.5}$O$_2$ precursor prepared by low-heating solid state reaction[J]. Int. J. Miner. Metall. Mater. , 2012, 19 (9): 856-862.

[25] Li D, Lian F, Qiu W H, et al. Fe content effects on electrochemical properties of 0. 3Li$_2$MnO$_3$ · 0. 7LiMn$_x$Ni$_x$Fe$_{(1-2x)/2}$O$_2$ cathode materials[J]. Adv. Mater. Res. , 2011, 347-

353: 3518-3521.

[26] 高敏, 连芳, 仇卫华, 等. 高容量正极材料 Li[Li$_{0.17}$Mn$_{0.58}$Ni$_{0.25}$]O$_2$ 的倍率性能[J]. 北京科技大学学报, 2013, 35 (1): 78-84.

[27] Gao M, Lian F, Liu H Q, et al. Synthesis and electrochemical performance of long lifespan Li-rich Li$_{1+x}$ (Ni$_{0.37}$Mn$_{0.63}$)$_{1-x}$O$_2$ cathode materials for lithium-ion batteries[J]. Electrochim. Acta, 2013, 95: 87-94.

[28] Wang D, Belharouak I, Gallagher S, et al. Chemistry and electrochemistry of concentric ring cathode Li$_{1.42}$Ni$_{0.25}$Mn$_{0.75}$O$_{2+\gamma}$ for lithium batteries[J]. J. Mater. Chem., 2012, 22 (24): 12039-12045.

[29] Wang J, Yuan G, Zhang M, et al. The structure, morphology and electrochemical properties of Li$_{1+x}$Ni$_{1/6}$Co$_{1/6}$Mn$_{4/6}$O$_{2.25+x/2}$ (0.1 ≤ x ≤ 0.7) cathode materials[J]. Electrochim. Acta, 2012, 66: 61-66.

[30] Lee D K, Park S H, Amine K, et al. High capacity Li[Li$_{0.2}$Ni$_{0.2}$Mn$_{0.6}$]O$_2$ cathode materials via a carbonate co-precipitation method[J]. J. Power Sources, 2006, 162 (2): 1346-1350.

[31] 钟盛文, 吴甜甜, 徐宝和, 等. 层状锰基材料 Li[Li$_{0.2}$Mn$_{0.54}$Ni$_{0.13}$Co$_{0.13}$]O$_2$ 的固相合成及电化学性能[J]. 电源技术, 2012, 36 (1): 59-62.

[32] Sun Y K, Lee M J, Yoon C S, et al. The role of AlF$_3$ coatings in improving electrochemical cycling of Li-enriched nickel-manganese oxide electrodes for Li-ion batteries[J]. Adv. Mater., 2012, 24 (9): 1192-1196.

[33] Lu Z, Beaulieu L Y, Donaberger R A, et al. Synthesis, structure and electrochemical behavior of Li[Ni$_x$Li$_{1/3-2x/3}$Mn$_{2/3-x/3}$]O$_2$[J]. J. Electrochem. Soc., 2002, 149 (6): A778-A791.

[34] Kim H J, Jung H G, Scrosati B, et al. Synthesis of Li[Li$_{0.19}$Ni$_{0.16}$Co$_{0.08}$Mn$_{0.57}$]O$_2$ cathode materials with a high volumetric capacity for Li-ion batteries[J]. J. Power Sources, 2012, 203: 115-120.

[35] Kim J H, Park C W, Sun Y K. Synthesis and electrochemical behavior of Li[Li$_{0.1}$Ni$_{0.35-x/2}$Co$_x$Mn$_{0.55-x/2}$]O$_2$ cathode materials[J]. Solid State Ion., 2003, 164 (1-2): 43-49.

[36] Kim J H, Sun Y K. Electrochemical performance of Li[Li$_x$Ni$_{(1-3x)/2}$Mn$_{(1+x)/2}$]O$_2$ cathode materials synthesized by a sol-gel method[J]. J. Power Sources, 2003, 119-121: 166-170.

[37] 王昭, 吴锋, 苏岳锋, 等. 锂离子电池正极材料 xLi$_2$MnO$_3$ · (1-x) Li Ni$_{1/3}$Mn$_{1/3}$Co$_{1/3}$O$_2$ 的制备及表征[J]. 物理化学学报, 2012, 28 (4): 823-830.

[38] Kim Y, Hong Y, Kim M G, et al. Li$_{0.93}$[Li$_{0.21}$Co$_{0.28}$Mn$_{0.51}$]O$_2$ nanoparticles for lithium battery cathode material made by cationic exchange from k-birnessite[J]. Electrochem. Commun., 2007, 9 (5): 1041-1046.

[39] Kim M G, Jo M, Hong Y S, et al. Template-free synthesis of Li[Ni$_{0.25}$Li$_{0.15}$Mn$_{0.6}$]O$_2$ nanowires for high performance lithium battery cathode[J]. Chem. Commun., 2009 (2): 218-220.

[40] Lee Y, Kim M G, Cho J. Layered Li$_{0.88}$[Li$_{0.18}$Co$_{0.33}$Mn$_{0.49}$]O$_2$ nanowires for fast and high ca-

pacity Li-ion storage material[J]. Nano Lett. , 2008, 8 (3): 957-961.

[41] Wei G Z, Lu X, Ke F S, et al. Crystal habit-tuned nanoplate material of $Li[Li_{1/3-2x/3}Ni_xMn_{2/3-x/3}]O_2$ for high-rate performance lithium-ion batteries[J]. Adv. Mater. , 2010, 22 (39): 4364-4367.

[42] Madhu C, Garrett J, Manivannan V. Synthesis and characterization of oxide cathode materials of the system $(1-x-y)LiNiO_2 \cdot xLi_2MnO_3 \cdot yLiCoO_2$[J]. Ionics, 2010, 16 (7): 591-602.

[43] Yu L, Qiu W, Lian F, et al. Comparative study of layered $0.65Li[Li_{1/3}Mn_{2/3}]O_2 \cdot 0.35LiMO_2$ ($M=Co$, $Ni_{1/2}Mn_{1/2}$ and $Ni_{1/3}Co_{1/3}Mn_{1/3}$) cathode materials[J]. Mater. Lett. , 2008, 62 (17-18): 3010-3013.

[44] Yu L, Qiu W, Lian F, et al. Understanding the phenomenon of increasing capacity of layered $0.65Li[Li_{1/3}Mn_{2/3}]O_2 \cdot 0.35Li(Ni_{1/3}Co_{1/3}Mn_{1/3})O_2$[J]. J. Alloy. Compd. , 2009, 471 (1-2): 317-321.

[45] 连芳, 李栋, 仇卫华, 等. 一种改进的低热固相反应制备层状富锂锰镍氧化物的方法[P]. 专利号: 201110120707. 2.

[46] Li D, Lian F, Chou K C. Decomposition mechanisms and non-isothermal kinetics of $LiHC_2O_4 \cdot H_2O$[J]. Rare Metals, 2012, 36 (6): 615-620.

2 富锂锰基层状正极材料的电化学特征

2.1 首次充放电特性与首次可逆效率

图 2-1 所示为在不同合成温度下 $0.5Li_2MnO_3 \cdot 0.5LiMn_{0.5}Ni_{0.5}O_2$ 的首次充放电曲线。从图 2-1 可以看出，首次充电和放电过程中，表现出高于 250mAh/g 的首次充电比容量，远高于其他锂离子电池正极材料，且放电比容量也相对较高。究其原因可以发现：在首次充电过程中分为两个明显的过程：(1)电压低于 4.5V (vs. Li^+/Li) 时，出现一段沿斜线上升的曲线，这是由于 Li^+ 从组分 $LiMO_2$ (M=Ni、Co 等) 脱出，过渡金属元素被氧化；(2)电压在 4.5V 左右出现一个电压平台，Li_2MnO_3 相中的锂，以类 Li_2O 组成的形式脱出，在材料的体相中留下 O^{2-} 的空位和 Li^+ 的空位。脱出的氧部分可能发生还原形成 Li_2O_2，最终形成 Li_2CO_3 沉积[1]，如图 2-2 所示；另外一部分氧作为可逆氧参与电化学反应，因而表现出高的首次放电比容量[2]。

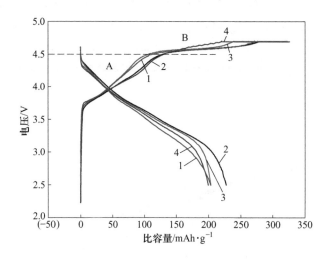

图 2-1 不同合成温度下的正极材料首次充放电曲线

1—800℃；2—850℃；3—900℃；4—950℃

电压高于 4.5V 时，由于 Li_2MnO_3 相中 Li^+、O 的脱出[3~5]，大量的过渡金属离子从表面迁移至材料体相中占据 Li^+ 和 O^{2-} 所留下的部分空位，导致晶格中

部分 Li^+ 和 O^{2-} 空位的消失。放电过程中 Li^+ 不能嵌入到晶格中去，产生了较大的首次不可逆容量损失[6]。另外，材料表面 Li_2CO_3 的形成会消耗掉正极材料中的部分锂和氧，也会产生大的不可逆容量。存在的上述两种因素降低了材料的首次可逆效率。

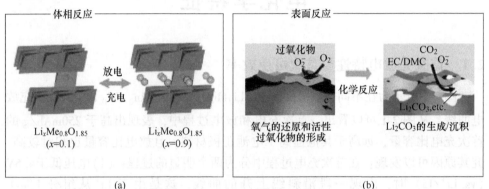

图 2-2　$Li_x Ni_{0.13} Co_{0.13} Mn_{0.54} O_{2-\delta}$ 充放电过程结构 （a）
和表面变化示意图 （b）[2]

2.2　循环性能

循环性能稳定的电池具有长的使用寿命，能够有效低电池使用成本，循环性能是衡量电池、电池材料性能优劣的重要指标。Song 等人[7] 研究了 25℃时，2.0~4.8V，$Li(Li_{0.2}Mn_{0.54}Ni_{0.13}Co_{0.13})O_2$ 的长期循环性能，如图 2-3 所示。未经

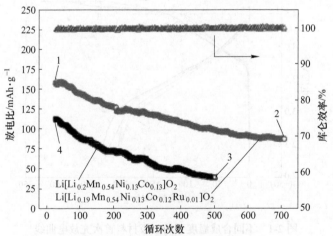

图 2-3　$Li(Li_{0.2}Mn_{0.54}Ni_{0.13}Co_{0.13})O_2$ 和 $Li(Li_{0.19}Mn_{0.54}Ni_{0.13}Co_{0.12}Ru_{0.01})O_2$
在 2.0C，2.0~4.8V，25℃的长期循环性能图[7]

1—第 27 次循环，156mAh/g；2—第 700 次循环，88mAh/g；
3—第 500 次循环，39mAh/g；4—第 27 次循环，113mAh/g

掺杂材料，2C，500 次循环后，放电比容量仅为 39mAh/g，尽管掺杂后循环性能有所改善，但 700 次循环后放电比容量也仅剩余 88mAh/g。Zheng 等人[8]研究发现 $Li(Li_{0.2}Mn_{0.6}Ni_{0.2})O_2$ 常温下，1/10C 预循环时放电比容量高达 250mAh/g，1/3C 循环时，首次放电比容量为 198mAh/g，但 300 次循环后放电比容量仅为 113mAh/g，容量保持率为 57.1%。利用球差校正透射电镜（SAC-TEM）和能量损失谱（EELS）研究其容量衰减的根本原因，发现由于材料颗粒表面受到电解液中酸性物质的侵蚀，出现类海绵状颗粒，随着充放电循环的进行，该海绵状颗粒破裂使得正极材料中可以嵌入的 Li 含量降低，如图 2-4 所示，且有 Mn^{2+} 形成促使元素 Mn 的溶解，导致容量的衰减。

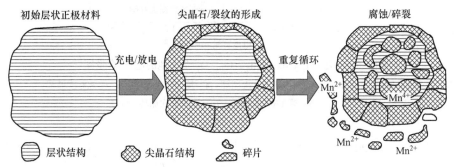

图 2-4 富锂锰基正极材料充放电过程中颗粒变化示意图[8]

与半电池相比，全电池循环性能的影响因素更加复杂。Li 等人[9]研究了石墨/$Li_{1.2}Ni_{0.15}Mn_{0.55}Co_{0.1}O_2$ 全电池长期循环性能及导致容量衰减的相关因素。图 2-5 是石墨/$Li_{1.2}Ni_{0.15}Mn_{0.55}Co_{0.1}O_2$ 全电池的电压-容量图，全电池前 400 次循环，容量衰减较快，400 次循环后放电比容量已经非常小；拆卸后的正负极片分别与锂片重新组装电池后，正负极材料仍然具有良好的放电比容量。分析发现，循环过程中在负极形成大量的 SEI 膜（消耗大量锂）是导致全电池容量衰减的最主要的原因。因此，富锂正极材料与负极良好匹配，富锂正极材料的表面改性以及在电解液中添加添加剂是提高全电池循环性能的有效途径。

尽管部分研究发现合成的富锂锰基正极材料循环过程中有高的容量保持率，然而循环过程中存在明显放电电压降低的问题，导致电池充放电比能量的降低。Gu 等人[10]利用高角度环形暗场扫描透射电镜（HAADF-STEM）发现富锂锰基正极材料中 $LiMO_2$ 相和 Li_2MnO_3 相是随机排布的，一个纳米颗粒上可以同时存在这两种相，并利用球差校正扫描透射电子显微镜（SAC-TEM）和能谱分析（EDS）对 300 次循环后的电极进行测试分析，发现 $LiMO_2$ 相和 Li_2MnO_3 相均存在层状结构向尖晶石结构转变的情况，如图 2-6（a）所示。在 $LiMO_2$ 中，由于过渡金属离子迁移到锂层，晶格常数未发生改变，如图 2-6（b）所示；但是 Li_2MnO_3 在首次充电到 4.5V 电压平台时，Li 和 O 脱出同时产生很大的晶格应力，

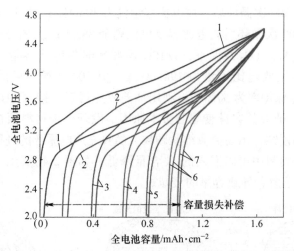

图 2-5　石墨/$Li_{1.2}Ni_{0.15}Mn_{0.55}Co_{0.1}O_2$ 全电池的电压-容量图[9]

1—形成；2—首次循环；3—第 100 次循环；4—第 400 次循环；5—第 800 次循环；

6—第 1200 次循环；7—第 1500 次循环

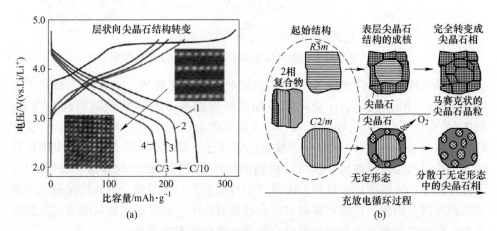

图 2-6　富锂锰基正极材料随着循环电压-容量变化图（a）和随着循环

$LiMO_2$ 相和 Li_2MnO_3 相演变示意图（b）[10]

1—首次循环；2—第 4 次循环；3—第 50 次循环；4—第 100 次循环

晶格常数发生改变，STEM 发现颗粒存在晶格扭曲、出现空洞和裂纹，随着循环的进行由表面向内部演变，以上两方面是导致放电电压平台降低的主要原因。

2.3　倍率性能

富锂锰基层状正极材料小倍率充放电时具有高的放电比容量（>250mAh/g）[11,12]，1C 时放电比容量约 190mAh/g；高于 3C 放电时，容量快速衰减约 150mAh/g，其至更低。研究发现：富锂锰基层状正极材料中，"Li_2MnO_3" 区 "活化" 过程中具有较慢的电化学动力学特征，且在后续循环过程中，材料形成缺陷尖晶石相和/或无序岩盐相结构，降低了锂离子在材料体相中的扩散速率，表现出差的倍率性能[13~16]，制约了该材料在大功率设备上的应用。

2.4 高低温性能

温度对锂离子电池充放电过程中的关键步骤有着重要的影响，例如：电解质溶液的电导率、电极/电解质电荷转移阻抗、Li^+ 在 SEI 膜和电极中的扩散速率。Li 等人[17]测试了 $Li(Li_{0.2}Mn_{0.4}Co_{0.4})O_2$ 在 25℃和−20℃的电化学性能，首次放电比容量分别为 246mAh/g 和 155mAh/g，研究认为可能是由低温时只有少部分的 Mn^{4+} 被活化参与电化学反应造成的。Ohzuku 等人[18]研究了 $Li[Li_{0.2}Ni_{0.2}Mn_{0.6}]O_2$ 在 55℃和 85℃时的电化学性能。如图 2-7（a）所示，55℃，2.0~5.0V，10mA/g 条件下具有良好的循环稳定性，循环 20 次放电比容量高于 300mAh/g；85℃时，放电比容量高达 350mAh/g，如图 2-7（b）所示，超过理论比容量 252mAh/g（按电化学反应 $LiMeO_2 \rightarrow Li^+ + e + MeO_2$ 计算），分析原因可能是 Mn^{4+} 或者 O^{2-} 的氧化造成的。

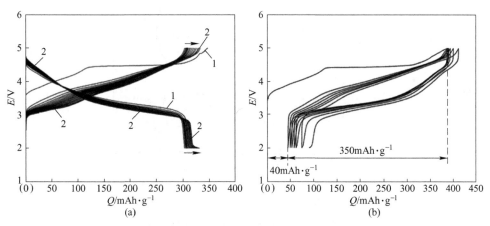

图 2-7　$Li[Li_{0.2}Ni_{0.2}Mn_{0.6}]O_2$ 在 55℃和 85℃的电压-容量图
（电压范围 2.0~5.0V，电流密度为 0.15mA/cm² （10mAh/g 左右））[18]
（a）55℃；（b）85℃
1—首次循环；2—第 20 次循环

2.5 热稳定性

环境温度或电池内温度升高时，正极材料的热稳定性直接决定着电池使用寿命和电池的安全性。层状正极材料中，Mn 含量的增加有利于提升热稳定性和材料的安全性。如图 2-8 所示，Lu 等人[19] 用差示扫描量热法（DSC）测试了 $Li[Ni_xLi_{(1/3-2x/3)}Mn_{(2/3-x/3)}]O_2(x=5/12)$ 在不同截止电压条件下的热稳定性能。充电电压低于 4.4 V 时，富锂锰基层状正极材料与传统的 $LiCoO_2$ 相比具有更好的热稳定性；当截止电压高于 4.5V 时，起始释放热量温度降低，放热量增大，热稳定性下降，但与 $LiCoO_2$ 相比，不论电压是否高于 4.5V，富锂锰层状正极具有更好的热稳定性。对于富锂锰基正极材料而言，提高高电压下的热稳定性仍需要深入研究。

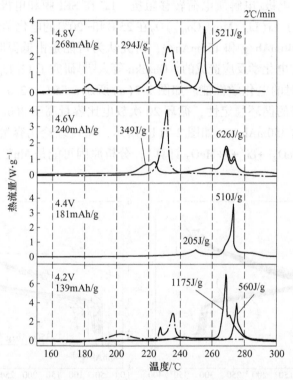

图 2-8　$Li[Ni_xLi_{(1/3-2x/3)}Mn_{(2/3-x/3)}]O_2$（$x=5/12$）（实线）

和 $LiCoO_2$（虚线）在不同截止电压时 DSC 曲线[19]

参 考 文 献

[1] Armstrong A R, Holzapfel M, Novak P, et al. Demonstrating oxygen loss and associated structural reorganization in the lithium battery cathode Li [Ni$_{0.2}$ Li$_{0.2}$ Mn$_{0.6}$] O$_2$ [J]. J. Am. Chem. Soc, 2006, 128（26）：8694-8698.

[2] Yabuuchi N, Yoshii K, Myung ST, et al. Detailed studies of a high-capacity electrode material

for rechargeable batteries, Li_2MnO_3-$LiCo_{1/3}Ni_{1/3}Mn_{1/3}O_2$ [J]. J. Am. Chem. Soc. , 2011, 133 (12): 4404-4419.

[3] Li D, Lian F, Hou X M, et al. Reaction mechanisms for $0.5Li_2MnO_3 \cdot 0.5LiMn_{0.5}Ni_{0.5}O_2$ cathode materials prepared by low-heat solid state reaction [J]. Int. J. Miner. Metall. Mater. , 2012, 19 (9): 856-862.

[4] Li D, Lian F, Qiu W H, et al. Fe content effects on electrochemical properties of $0.3Li_2MnO_3 \cdot 0.7LiMn_xNi_xFe_{(1-2x)/2}O_2$ cathode materials [J]. Adv. Mater. Res. , 2012, (347-353): 3518-3521.

[5] Lian F, Li D, Axmann P, et al. Understanding the effect of the preparation process on the electrochemical properties of $0.25Li_2MnO_3 \cdot 0.75LiNi_{1/2}Mn_{1/2}O_2$ by rietveld refinement method [J]. Adv. Mater. Res. , 2012, 391-392: 648-653.

[6] 李栋, 赖华, 罗诗健, 等. 富锂锰层状材料的表面包覆改性 [J]. 硅酸盐学报, 2017, 45 (7): 904-915.

[7] Song B, Lai M O, Lu L. Influence of Ru substitution on Li-rich $0.55Li_2MnO_3 \cdot 0.45LiNi_{1/3}Co_{1/3}Mn_{1/3}O_2$ cathode for Li-ion batteries [J]. Electrochim. Acta, 2012, 80: 187-195.

[8] Zheng J, Gu M, Xiao J, et al. Corrosion/fragmentation of layered composite cathode and related capacity/voltage fading during cycling process [J]. Nano Lett. , 2013, 13 (8): 3824-3830.

[9] Li Y, Bettge M, Polzin B, et al. Understanding long-term cycling performance of $Li_{1.2}Ni_{0.15}Mn_{0.55}Co_{0.1}O_2$-graphite lithium-ion cells [J]. J. Electrochem. Soc. , 2013, 160 (5): A3006-A3019.

[10] Gu M, Belharouak I, Zheng J M, et al. Formation of the spinel phase in the layered composite cathode used in Li-ion batteries [J]. Acs Nano, 2013, 7 (1): 760-767.

[11] 郑建明, 吴晓彪, 杨勇. 富锂正极材料 $Li[Li_{0.2}Mn_{0.54}Ni_{0.13}Co_{0.13}]O_2$ 的合成优化及表征 [J]. 电源技术, 2011, 35: 1188-1192.

[12] Lu Z, Beaulieu L Y, Donaberger R A, et al. Synthesis, structure and electrochemical behavior of $Li[Ni_xLi_{1/3-2x/3}Mn_{2/3-x/3}]O_2$ [J]. J. Electrochem. Soc. , 2002, 149 (6): A778-A791.

[13] Wang Q, Liu J, Murugan A V, et al. High capacity double-layer surface modified $Li[Li_{0.2}Mn_{0.54}Ni_{0.13}Co_{0.13}]O_2$ cathode with improved rate capability [J]. J. Mater. Chem. , 2009, 19 (28): 4965-4972.

[14] Kang S H, Thackeray M M. Enhancing the rate capability of high capacity $xLi_2MnO_3(1-x)LiMO_2$ (M = Mn, Ni, Co) electrodes by Li-Ni-PO_4 treatment [J]. Electrochem. Commun. , 2009, 11 (4): 748-751.

[15] Martha S K, Nanda J, Veith G M, et al. Electrochemical and rate performance study of high-voltage lithium-rich composition: $Li_{1.2}Mn_{0.525}Ni_{0.175}Co_{0.1}O_2$ [J]. J. Power Sources, 2012, 199: 220-226.

[16] 高敏, 连芳, 仇卫华, 等. 高容量正极材料 $Li(Li_{0.17}Mn_{0.58}Ni_{0.25})O_2$ 的倍率性能 [J]. 北京科技大学学报, 2013, 35 (1): 78-84.

[17] Li Z, Wang Y, Bie X, et al. Low temperature properties of the $Li[Li_{0.2}Co_{0.4}Mn_{0.4}]O_2$ cathode material for Li-ion batteries [J]. Electrochem. Commun. , 2011, 13 (9): 1016-1019.

［18］Ohzuku T, Nagayama M, Tsuji K, et al. High-capacity lithium insertion materials of lithium nickel manganese oxides for advanced lithium-ion batteries: toward rechargeable capacity more than 300mAh/g ［J］. J. Mater. Chem. , 2011, 21 (27): 10179-10188.

［19］Lu Z, MacNeil D-D, Dahn J-R. Layered cathode materials Li ［Ni$_x$Li$_{(1/3-2x/3)}$ Mn$_{(2/3-x/3)}$］O$_2$ for lithium-ion batteries ［J］. Electrochem. Solid-State Lett. , 2001, 4 (11): A191-A194.

3 富锂锰基层状正极材料循环过程中的结构演变与改性

3.1 充放电过程中富锂锰层状正极材料的结构演变

本书第 1 章中提到对于富锂锰基层状正极材料结构的认识，目前主要存在以下观点：（1）六方相 $LiMO_2$ 与单斜相 Li_2MnO_3 形成的固溶体结构，对于该固溶体结构理解的两种观点：1）属于 $R\bar{3}m$ 空间群，晶体中存在 Li_2MnO_3 的超晶格结构[1,2]；2）属于部分有序的 $C/2m$ 单斜相固溶体结构[3]，沿着过渡金属面 $(001)_M$ 存在大量的面缺陷；（2）六方相 $LiMO_2$ 与单斜相 Li_2MnO_3 共存的两相结构[4]。

该材料中"Li_2MnO_3"组分在电压低于 4.5V 时不具有电化学活性，为活化"Li_2MnO_3"组分，使用电压常高于 4.5V，因而与传统的正极材料（如：$LiCoO_2$、$LiMn_2O_4$、$LiFePO_4$）相比，富锂锰层状材料具有高的放电比容量和放电比能量；但同时出现了首次不可逆容量大，循环性能和倍率性能相对较差的问题。分析发现锂锰层状正极材料在高于 4.5V 电压下充放电时，材料结构发生一系列的变化，对材料的电化学性能产生重要的影响：（1）"Li_2MnO_3"区"活化"过程中具有较慢的电化学动力学过程[5~7]，且在后续的充放电循环过程中，富锂材料经过系列相变形成缺陷尖晶石相和/或无序岩盐相[8]，从而降低了材料的倍率性能。（2）电解液易被富锂材料首次充电过程中释放的游离氧[9,10]氧化分解形成 CO_2、CO、水等，形成了较大的首次不可逆容量损失；同时，在氧化过程中材料表面形成较厚的 SEI 膜，使得电化学反应过程阻抗增加，材料的倍率性能恶化。（3）首次充电过程中，由于晶格氧的排出[10~18]，电极材料内部形成微裂纹的同时，颗粒之间也形成一定的孔隙；另外，晶格氧的排出使得过渡金属元素迁移进入"Li_2MnO_3"活化时材料中产生 Li 空位，随着循环的进行，材料的局域结构发生重构（如：Ni/Mn 分离、相转变），上述两者的混合作用使材料内部集聚了大量的结构应力，破坏了材料原有结构的稳定性，因而表现出较差的循环性能[19~26]。

综上可知："Li_2MnO_3"区较慢的电化学动力学特征、晶格氧的脱出、锂/氧空位的存在以及材料局域结构的重构是富锂锰基材料首次可逆效率低，尤其是倍率性能和循环性能较差的重要原因[27~33]；而晶格氧的脱出与氧/锂空位以及材料局域结构的重构有着直接的关联。

为抑制富锂锰基层状材料中晶格氧的脱出以及由此引起的充放电循环过程中存在的问题，目前常用的方法分为掺杂、表面修饰改性、复合电极以及其他的辅助工艺处理（例如，酸洗、电化学预循环）。而表面改性和辅助工艺处理方法并不能从本质上解决富锂锰基材料所存在的问题，体相掺杂和复合电极成为富锂锰基层状正极材料改性工作的研究重点。

3.2   富锂锰层状正极材料的表面改性

表面改性对界面结构的改善、材料体相结构的稳定性和界面粒子的传输性有着重要的作用。最近，刘兆平等人[11]将共沉淀制备出的富锂材料与 CO_2 反应，通过气固界面反应的控制获得具有表层厚约为 20nm 氧空位的富锂锰材料。氧空位加速了锂离子的扩散，抑制了表面气体的释放，提升了材料的放电容量和倍率性能，且 100 次循环后电压平台没有明显的衰减。对于富锂锰层状正极材料的表面改性，国内外研究者做了大量的工作[34~46]，本小节重点阐述碳、氧化物、氟化物、磷酸盐等对富锂锰层状正极材料的表面包覆改性和机理研究，分析在目前包覆改性中有待进一步研究的问题。

3.2.1   碳表面包覆改性

碳具有较高的离子电导和电子电导，富锂锰材料的碳表面包覆改性中，碳包覆层提高了界面上的离子和电子电导，同时，富锂锰基体材料中少量 Mn^{4+} 被还原成 Mn^{3+} 形成了部分尖晶石相[46]，为锂离子的扩散提供了三维扩散通道，提高了材料的离子电导，从而有效提升了材料的倍率和循环性能。

另外，在表面修饰改性过程中，碳在正极材料表层的分布与聚集形态直接影响着改性材料的电化学性能。为更好地控制碳在正极材料表面的分布状态，磁控溅射、热蒸发等工艺手段以及不同结构和形态的碳被用于富锂锰层状正极材料的改性过程中，如导电碳[34,46,47]、碳纳米线[48]、石墨烯[49~52]、类石墨烯碳[53]、多壁碳纳米管[31]（MWCNT's）等。与基体材料相比，改性后材料的首次可逆效率、倍率性能和循环性能得到了较大的提升（见表 3-1）。Tu 等人[56]采用直流磁控溅射工艺进行碳包覆，在正极材料的表面获得一层厚约 6.8nm 的碳包覆层，该包覆层大幅降低了材料的电荷转移阻抗，使基体材料的电荷转移阻抗值 436Ω 降低为 86Ω。Manthiram[57]采用热蒸发工艺对材料 $Li[Li_{0.20}Mn_{0.54}Ni_{0.13}Co_{0.13}]O_2$ 进行碳包覆获得改性后的材料，在 2C 充放电倍率下，首次放电容量达 150mAh/g；循环 30 次后，容量保持率达到 98%。Lu 等人[51]采用氧化石墨烯（graphene oxide）对 $Li_{1.20}Mn_{0.54}Ni_{0.13}Co_{0.13}O_2$ 改性，发现改性后的正极材料表面出现部分层状相向类尖晶石相转变（见图 3-1），这些类尖晶石相为锂离子的扩散提供了三维通道，降低了锂离子的扩散阻抗，同时，石墨烯降低了电极材料的电荷转移阻抗，改性后的正极材料在 10C 倍率下放电时，仍具有 120mAh/g 的放电比容量（见表3-1）。

表3-1 碳表面改性富锂锰基层状材料的电化学性能

正极材料	电池参数和测量条件	循环和倍率性能/mAh·g^{-1}	参考文献
碳纳米纤维@Li$_{1.2}$Mn$_{0.54}$Ni$_{0.13}$CO$_{0.13}$O$_2$	2.0~4.8V，1C=250mA/g	264(84%，第1次循环，0.2C)，177(第100次循环，1C)~180(2C)，~125(5C)	[48]
C@Li$_{1.2}$Mn$_{0.54}$Ni$_{0.13}$Co$_{0.13}$O$_2$	2.0~4.6V，1C=250mA/g	277(80%，第1次循环，0.1C)，196(第80次循环，0.5C)204(1C)，180.3(2C)，155(5C)	[46]
C@Li$_{1.2}$Mn$_{0.54}$Ni$_{0.13}$Co$_{0.13}$O$_2$	2.0~4.8V，1C=250mA/g	264(96%，第1次循环)，180(第100次循环)，0.2C；~100(10C)	[34]
C@尖晶石@	2.0~4.8V，1C=250mA/g	335(92%，第1次循环，0.1C)，215(第50次循环，1C)	[24]
0.33Li$_2$MnO$_3$·0.67Li[Mn$_{1/3}$Ni$_{1/3}$Co$_{1/3}$]O$_2$		200+(第50次循环)，2C；234(10C)，120(第50次循环，20C)	
多壁碳纳米管@Li$_{1.2}$Mn$_{0.54}$Ni$_{0.13}$Co$_{0.13}$O$_2$	2.0~4.8V，1C=200mA/g	233(第103次循环，0.5C)，154(5C)	[31]
石墨烯@Li$_{1.2}$Mn$_{0.54}$Ni$_{0.13}$Co$_{0.13}$O$_2$	2.0~4.8V，1C=200mA/g	92%（第50次循环，1C），200(1C)，~185(2C)	[49]
石墨烯@Li$_{1.2}$Mn$_{0.54}$Ni$_{0.13}$Co$_{0.13}$O$_2$	2.6~4.8V，1C=250mA/g	153(97%，第50次循环，1C)	[50]
氧化石墨烯@Li$_{1.2}$Mn$_{0.54}$Ni$_{0.13}$Co$_{0.13}$O$_2$	2.0~4.8V，1C=250mA/g	230(1C)，200(2C)，160(5C)，120(10C)	[51]
还原后的氧化石墨烯@AlPO$_4$@Li$_{1.190}$Mn$_{0.540}$Ni$_{0.127}$Co$_{0.143}$O$_2$	2.0~4.8V，1C=?	268,78%，第50次循环，0.2C 236(94%，第100次循环，0.1C)，146(2C)，110(5C)	[52]
类石墨烯碳@Li$_{1.1}$Mn$_{0.45}$Ni$_{0.45}$O$_2$	2.5~4.8V，1C=?	195(第1次循环)，205(第50次循环)，0.1C	[53]
聚苯胺@Li$_{1.2}$Mn$_{0.54}$Ni$_{0.13}$Co$_{0.13}$O$_2$	2.0~4.8V，1C=250mA/g	314(89%，第1次循环，0.05C)，282(第80次循环，0.1C)，199(10C)	[54]
聚苯胺@Li$_{1.2}$Mn$_{0.7}$Co$_{0.1}$O$_2$	2.0~4.8V，1C=250mA/g	161(70%，第1次循环)，~110(第50次循环)，12mA/g	[55]
肼蒸气@Li$_{1.2}$Mn$_{0.54}$Ni$_{0.13}$Co$_{0.13}$O$_2$	2.0~4.8V，1C=200mA/g	192,2C	[22]

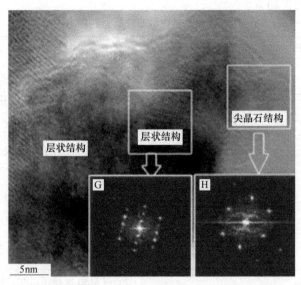

图 3-1   LLNCM/G-350 的高分辨和电子衍射花样

（G 和 H 分别为层状相与尖晶石相的快速傅里叶转换图[51]）

3.2.2 氧化物表面包覆改性

在富锂锰层状材料的改性研究中,结构稳定的氧化物常被用作表面包覆改性剂,改善了正极材料的结构和电化学性能,常用的氧化物有 $MgO^{[58]}$、$Al_2O_3^{[59\sim62]}$、$ZrO_2^{[63\sim65]}$、$MnO_x^{[18,66\sim68]}$、$ZnO^{[32]}$、$RuO_2^{[69]}$、$Cr_2O_3^{[70]}$、$Sm_2O_3^{[71]}$、$SnO_2^{[72]}$、$CeO_2^{[32]}$ 和 $MoO_3^{[73]}$ 等, 改性后材料的电化学性能见表 3-2。

表面改性物 Al_2O_3 以及 Al_2O_3 与基体材料反应形成的中间过渡层[59]能够有效抑制氧空位的释放和电解液的侵蚀[59,60], 提高了材料的结构稳定性, 热稳定性, 降低了材料高压下的界面阻抗, 优化了材料的放电容量、循环性能、倍率性能和高性能。改性过程中小粒径、多孔结构的 Al_2O_3 或双层改性方式能够非常有效地改善材料的综合电化学性能。Xu 等人[76]制备出内层约为 4nm 左右的高电子导电聚合物多并苯、外层为(210) 晶面高度有序排列的介孔 Al_2O_3 双层改性的富锂锰材料 （见图 3-2）；这种构型有效延缓了层状结构向尖晶石结构的转化并提高了材料表层的离子电导和电子电导, 研究发现, 外层 Al_2O_3 包覆量为 2% （质量分数） 的试样 APL-2, 在 2.0~4.8 V , 0.1 C 倍率下, 具有 280mAh/g 的比容量, 100 次后容量保持率达 98%, 且表现出良好的倍率性能 （见图 3-3）。Manthiram 等人[69]对 $Li[Li_{0.2}Mn_{0.54}Ni_{0.13}Co_{0.13}]O_2$ 进行 RuO_2/Al_2O_3 混合包覆改性, 加强了材料表面的锂离子电导和电子电导, 改善了材料的倍率性能, 使得混合包覆改性后的正极材料的首次放电容量和循环性能均优于未包覆的以及单一物质

RuO_2 或 Al_2O_3 包覆后的正极材料。

表 3-2 富锂锰材料的氧化物表面改性与电化学性能

正极材料	电池参数/测量条件	循环和倍率性能/mAh·g^{-1}	参考文献
MgO@ $Li_{1.2}Mn_{0.54}Ni_{0.13}Co_{0.13}O_2$	2.0~4.8V，1C=200mA/g	196(第1次循环)，18（第100次循环），96%，1C	[58]
Al_2O_3@ $Li_{1.3}Mn_{0.65}Ni_{0.35}O_{2+x}$	2.0~4.6V，1C=200mA/g	224(90%，第1次循环，0.1C)，91%(第100次循环，0.33C)，101(10C)	[60]
ZrO_2@ $Li_{1.2}Mn_{0.54}Ni_{0.13}Co_{0.13}O_2$	2.0~4.8V，1C=200mAh/g	253（第1次循环，0.1C），207（95%，第50次循环，0.5C）	[63]
ZrO_2@ $0.5Li[Ni_{0.5}Mn_{1.5}]O_4·$ $0.5[Li_2MnO_3Li(Ni_{0.5}Mn_{0.5})O_2]$	2.0~4.9V，0.1mA/cm^2	234(第1次循环)，187(第50次循环)，80%	[65]
ZrO_2@ 多胺@ $Li_{1.2}Mn_{0.6}Ni_{0.2}O_2$	2.0~4.8V，1C?	219(第3次循环)，201(第50次循环)，100mA/g	[64]
MnO_2@ $Li_{1.1}Mn_{0.5}Ni_{0.3}Fe_{0.1}O_2$	2.0~4.8V，1C?	210(第1次循环，84%，0.1C)，177(0.2C)，~130(1C)，113(2C)	[66]
MnO_2@ $Li_{1.2}Mn_{0.567}Ni_{0.167}Co_{0.066}O_2$	2.0~4.6V，1C=200mA/g	299(第1次循环，88%)，93%(第51次循环)，0.5C；157(5C)	[67]
MnO_2@ $Li_{1.2}Mn_{0.567}Ni_{0.167}Co_{0.066}O_2$	2.0~4.8V，1C=200mA/g	246(80th)，0.1C；185(第70次循环)，83%，0.5C；82，5C	[18]
Sm_2O_3@ $Li_{1.2}Mn_{0.56}Ni_{0.16}Co_{0.08}O_2$	2.0~4.8V，1C=200mA/g	227(1C)，206(2C)，173(5C)，153（10 C）	[71]
CeO_2@ $Li_{1.17}Mn_{0.58}Ni_{0.2}Co_{0.05}O_2$	2.0~4.8V，1C=300mA/g	291（第1次循环，83%），258（第80次循环），0.1C；91%（第80次循环），1C	[32]
Cr_2O_3@ Spinel@ $Li_{1.2}Mn_{0.52}Ni_{0.13}Co_{0.13}O_2$	2.0~4.8V，1C=250mA/g	195(第100次循环，1C)，~110(8C)	[70]
$Ni_{0.5}Mn_{1.5}O_x$@ $Li_{1.2}Mn_{0.6}Ni_{0.2}O_2$	2.0~5V，1C=200mA/g	231(第50次循环，94%，0.1C)，115(5C)	[74]
MoO_3@ $Li_{1.2}Mn_{0.54}Ni_{0.13}Co_{0.13}O_2$	2.0~4.6V，1C=200mA/g	195（第100次循环，91%），0.5C；180（1C）；153（2C）；116（5C）	[73]

正极材料	电池参数/测量条件	循环和倍率性能/mAh·g^{-1}	参考文献
$Pr_6O_{11}@Li_{1.17}Mn_{0.56}Ni_{0.17}Co_{0.10}O_2$	2.0~4.6V，1C=250mA/g	278（第1次循环），91%（第50次循环），0.05C；218（0.5C），196（1C）	[35]
$F_{0.3}SnO_2@Li_{1.2}Mn_{0.54}Ni_{0.13}Co_{0.13}O_2$	2.0~4.8V，1C=300mA/g	251(1C)，227(2C)，198(5C)，164(8C)	[75]

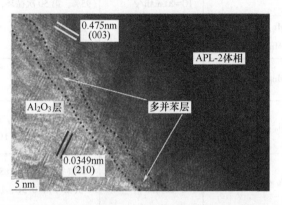

图 3-2　APL-2 号试样基体、PAS 和 Al_2O_3 层之间的界面[76]

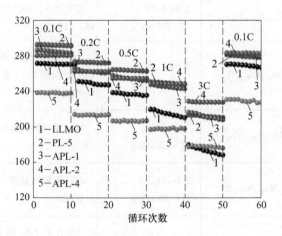

图 3-3　2.0~4.8V，基体材料与改性后材料的倍率性能[76]

除 Al$_2$O$_3$ 之外，结构稳定的 ZrO$_2$ 用于富锂锰材料的改性过程中能够抑制正极材料与电解液之间的反应，提高材料的结构稳定性和热稳定性，有效地改善了材料的循环性能[63]和热稳定性能。为改善 ZrO$_2$ 在基体材料表面的分布特性和界面状态，Park 等人[64]通过聚多巴胺预包覆的工艺，提高了基体材料表面活性，改善了 ZrO$_2$ 包覆改性后材料的性能。改性后的材料以 100mA/g 的充放电电流，循环 50 次后仍具有 201mAh/g 的放电比容量（见表 3-2）；且包覆后，正极材料与电解液反应的温度区间为 190~231℃，高于包覆改性前的 177~220℃，放热量为 96J/g，远低于未包覆的放热量 189J/g。

上述氧化物（如 Al$_2$O$_3$、ZrO$_2$）由于不具有电化学活性，可能会在一定程度上降低改性后材料的放电比容量和比能量，因而具有电化学活性的氧化物（如 MnO$_x$[66]、Cr$_2$O$_3$[70]），被用于富锂锰材料的改性过程。具有高离子电导率的 MnO$_2$，能够提高改性后正极材料的电导率，同时，能够抑制材料充放电过程中 SEI 膜的生长，降低充放电过程中的电化学阻抗[66,68]，提升材料的倍率、充放电比容量和循环性能。为了更好地提升 MnO$_2$ 改性后材料的电化学性能，特殊结构形态的 MnO$_2$，如层状 MnO$_2$ 纳米片[67]，用于材料的改性过程中，大幅提升了锂离子的扩散速率，改善了材料的倍率性能（见表3-2）。而 Cr$_2$O$_3$ 改性基体材料时，在体相与包覆层的界面上原位形成了一层尖晶石相，即形成了 Cr$_2$O$_3$ 与尖晶石相双层包覆的结构特征[70]。包覆层不仅有效提升材料电导率，而且抑制了正极材料与电解液之间的副反应，稳定了电极的表面结构。包覆后的正极材料 1C 充放电循环 100 次后仍有 195mAh/g 的放电比容量，8C 时的放电比容量高达 110mAh/g（见表 3-2）。

3.2.3 氟化物表面包覆改性

在 Al$_2$O$_3$ 对富锂锰基正极材料的改性过程中由于电解液中 HF 的存在，表面改性层中出现了部分 AlF$_3$，而 AlF$_3$ 的存在能够有效阻止高电位下正极材料表面电解液的氧化分解和 HF 的侵蚀，抑制了电荷转移阻抗的增加，提高了材料的倍率和循环性能[42]。为了研究 AlF$_3$ 在改性中的作用和机理，国内外学者做了大量的研究工作[19,30,38,40,42,77~79]，电化学性能见表 3-3。Kim 等人[83]认为包覆层不仅能够有效阻止高电位下正极材料表面电解液的氧化分解和 HF 的侵蚀，而且包覆后的材料在材料基体和 AlF$_3$ 层之间形成一层 Li-Al-F 固体电解质过渡层，能够大幅降低电荷转移的阻抗值，提高材料的倍率性能。Amine 等人[38]认为 AlF$_3$ 包覆量影响着富锂锰基体材料的结构和电化学特性。随着 AlF$_3$ 包覆量增加，富锂正极材料中会逐渐出现尖晶石相（见图3-4），包覆量为 10%（质量分数）时，尖晶石相成为主晶相。Gao 等人[40]认为 AlF$_3$ 包覆层在阻止电解液对正极材料侵蚀的同时，为锂离子在材料中的扩散保持更多的活性位置，这对于材料循环性能和倍率性能的提升有着重要作用。

表 3-3　富锂锰材料的氟化物表面改性与电化学性能

正极材料	电池参数、测量条件	循环和倍率性能/mAh·g^{-1}	参考文献
$AlF_3@Li_{1.375}Mn_{0.75}Ni_{0.25}O_{2+\gamma}$	2.5~4.7V, 1C=200mA/g	228（0.5C），201（1C），167(2C)，103(5C)	[77]
$AlF_3@Li_{1.19}Mn_{0.57}Ni_{0.16}Co_{0.08}O_2$	2.0~4.6V, 1C=240mA/g	~210(1C)，~180(2C)，~130(5C)	[38]
$AlF_3@Li_{1.17}Mn_{0.58}Ni_{0.25}O_2$	2.0~4.8V, 1C=300mA/g	232（93%，第49次循环，0.2C），126（83%，第200次循环）5C	[40]
石墨烯@$AlF_3@Li_{1.2}Mn_{0.53}Ni_{0.13}Co_{0.13}O_2$	2.0~4.8V, 1C=200mA/g	~160(1C)，~120(5C)	[19]
$NH_4F@AlF_3@Li_{1.2}Mn_{0.6}Ni_{0.2}O_2$	2.0~4.8V, 1C=250mA/g	~287（第1次循环，88%，1/20C），~210(1C)，181(2C)	[30]
$FeF_3@LiF@Li_{1.2}Mn_{0.6}Ni_{0.2}O_2$	2.0~4.8V, 1C=200mA/g	197(1C)，170（5C），第100次循环；142(10C)，130(20C)，第25次循环	[45]
$NH_4F@Li_{1.2}Mn_{0.54}Ni_{0.13}Co_{0.13}O_2$	2.0~4.8V, 1C=250mA/g	172(1C)，126(5C)	[81]
$(NH_4)_3AlF_6@$ 0.5Li_2MnO_3·0.5$LiNi_{1/3}Co_{1/3}Mn_{1/3}O_2$	2.0~4.8V, 1C=250mA/g	~275（第1次循环），82%（第50次循环），0.2C；143.4(5C)	[33]
$CeF_3@Li_{1.2}Mn_{0.54}Ni_{0.13}Co_{0.13}O_2$	2.0~4.6V, 1C=250mA/g	196（第50次循环），0.2C，175(1C)，147(2C)，103(5C)	[82]

正极材料	电池参数、测量条件	循环和倍率性能/mAh·g^{-1}	参考文献
$MgF_2@Li_{1.2}Mn_{0.56}Ni_{0.17}Co_{0.07}O_2$	2.0~4.8V, 1C=378mA/g	220(第1次循环),188(第50次循环),86%,0.1C	[28]
$CaF_2@(40wt.\%)Na_2S_2O_8$ $@Li_{1.2}Mn_{0.54}Ni_{0.13}Co_{0.13}O_2$	2.0~4.8V, 1C=250mA/g	263(0.1C),217(1C),178(2C),152(3C)	[29]
$ZrF_4@Li_{1.2}Mn_{0.56}Ni_{0.17}Co_{0.07}O_2$	2.0~4.8V, 1C=378mA/g	~196(第100次循环,89%),0.1C	[13]

在 AlF_3 改性的基础上，ZrF_4[13]、MgF_2[28]、CaF_2[29]、$(NH_4)_3AlF_6$[33]、CoF_2[80]、NH_4F[30,81]、CeF_3[82]、FeF_3[45] 等其他氟化物也被引入富锂锰的改性体系研究中。NH_4F 改性后的正极材料颗粒表层同样出现类尖晶石相，为锂离子的快速扩散提供了三维通道，同时，F 掺杂到颗粒表面改善了材料结构的稳定性。Wu 等人[45]采用 FeF_3/LiF 对 $Li[Li_{0.2}Mn_{0.6}Ni_{0.2}]O_2$ 改性，工艺过程如图3-5所示。表面改性物有效抑制了界面副反应，加快了 Li^+ 的扩散速率，改性后的材料表现出良好的倍率和循环性能（见图3-6及表3-3），且改性材料的放热最高温度由基体材料的265℃提高到288℃，发热量由399J/g 降为304J/g。在 Al_2O_3 对富锂锰基正极材料的改性过程中，为提升改性后的性能，氟化物结合其他物质双层改性富锂材料的方法被用于改善材料的综合电化学性能，如，AlF_3 结合石墨烯[19]、NH_4F[30]，CaF_2 与 $Na_2S_2O_8$[30]。为抑制循环过程中的电压衰退、提升首次库仑效率，Yu 等人[29]采用 CaF_2 与 $Na_2S_2O_8$ 对 $Li_{1.2}Mn_{0.54}Ni_{0.13}Co_{0.13}O_2$ 进行双重修饰。$Na_2S_2O_8$ 改性使层状材料颗粒表面形成稳定的三维尖晶石结构，抑制了电化学过程中表面结构变化引起的相转变，从而抑制了循环过程中电压的衰退。另外，双重修饰使正极材料免于电解液中 HF 的侵蚀，改性后的正极材料具有良好的循环稳定性。在 2.0~4.8V，以 1C 的倍率充放电时，首次放电容量为208mAh/g，100 次循环后放电比容量为170mAh/g（见表3-3）。

综上可知：采用氟化物的表面改性过程中，富锂锰材料颗粒的表面免受 HF 的侵蚀，材料结构的稳定性得到提升，另外，改性过程中在富锂锰材料颗粒表面出现的类尖晶石相或改性物与基体之间界面层出现的新相提供了锂离子快速通过

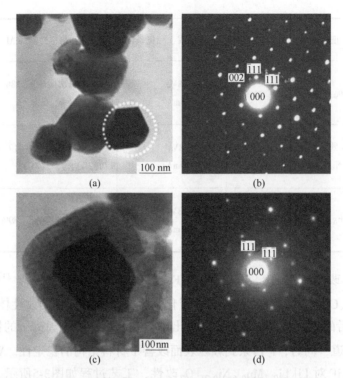

图 3-4　5%（质量分数）AlF₃ 包覆试样的透射电镜图（（a）、
（c））以及对应图中的所选颗粒的电子衍射图（（b）、（d））[38]

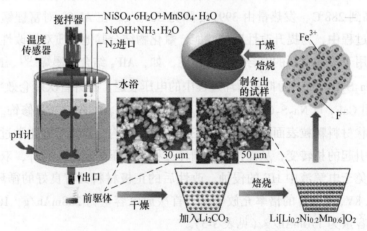

图 3-5　改性材料合成过程示意图[45]

的通道。因而，通过氟化物的改性，材料的倍率性能和循环性能都得到了有效
改善。

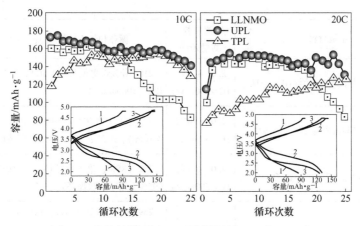

图 3-6 基体材料 LLNMO、改性材料 UPL 与 TPL 在
10C 和 20C 时的倍率性能及第 25 次的充放电曲线[45]
1—LLNMO；2—UPL；3—TPL

3.2.4 磷酸盐表面包覆改性

结构稳定的磷酸盐对富锂正极材料的包覆改性能够有效减少基体与电解液的接触面积，改善了材料循环过程中结构的稳定性和热稳定性，如 $AlPO_4$[41,88]、$Co_3(PO_4)_2$[41,89]、$FePO_4$[90]、$LaPO_4$[23]、$CePO_4$[91]等；另外，在磷酸盐改性过程中，基体材料中的 Li 与磷酸盐形成具有良好离子电导率的固体电解质层，改善了电极/电解液界面的锂离子交换速率，提升了材料的倍率性能。Park 等人[64]采用 $AlPO_4$ 对富锂材料包覆过程中 Al^{3+} 进入正极材料的晶格，提高了材料的结构稳定性（见表 3-4）。DSC 测试结果表明放热峰从 188℃提高到改性后的 306℃，放热量减少为原来的一半。充电过程中，O_2 排出量大幅降低，电池内气压由 0.0651MPa 减少为 0.0114MPa。

表 3-4 磷酸盐表面改性与电化学性能

正极材料	电池参数、测量条件	循环和倍率性能/mAh·g⁻¹	参考文献
$Li_3PO_4@Li_{1.2}Mn_{0.54}Ni_{0.13}Co_{0.13}O_2$	2.0~4.8V，1C=？	285（第 1 次循环，79%，0.05C），193（第 100 次循环，0.5C），129（2C）	[84]
$Li_3PO_4@Li_{1.18}Mn_{0.52}Ni_{0.15}Co_{0.15}O_2$	2.0~4.8V，1C=200mA/g	273（第 1 次循环，84%），94.5%（第 70 次循环），0.2C &121（10C）	[85]
$Li_3PO_4@Li_{1.2}Mn_{0.6}Ni_{0.2}O_2$	2.0~4.8V，1C=250mA/g	107（5C）	[86]

续表 3-4

正极材料	电池参数、测量条件	循环和倍率性能/mAh·g^{-1}	参考文献
$Li_3PO_4@C@Li_{1.2}Mn_{0.54}Ni_{0.13}Co_{0.13}O_2$	2.0~4.6V, 1C=300mA/g	218(第 200 次循环, 0.5C), 185(1C), 124（1000mA/g）	[87]
$Li_3V_2(PO_4)_3@Li_{1.17}Mn_{0.58}Ni_{0.2}Co_{0.05}O_2$	2.0~4.8V, 1C=300mA/g	273（第 1 次循环, 89%）, 246（第 50 次循环）, 0.2C; 153, 第 100 次循环, 5C	[37]
$FePO_4@Li_{1.2}Ni_{0.13}Co_{0.13}Mn_{0.54}O_2$	2.0~4.8V, 1C=200mA/g	272（85%, 第 1 次循环）, 0.05C; 203（95%, 第 100 次循环）, 0.5C	[90]
$LiFePO_4@Li_{1.2}Mn_{0.54}Ni_{0.13}Co_{0.13}O_2$	2.0~4.8V, 1C?	269(0.5C), 201(1C), 125(5C), 第 1 次循环 250（0.5C）, 178（1C）, 90（5C）, 第 120 次循环	[20]
$Zr(HPO_4)_2@Li_{1.2}Mn_{0.56}Ni_{0.17}Co_{0.07}O_2$	2.0~4.8V, 1C=378mA/g	216（第 1 次循环, 80%）, 197（91%, 第 100 次循环）, 0.1C	[12]
$CePO_4@Li_{1.2}Mn_{0.54}Ni_{0.13}Co_{0.13}O_2$	2.5~4.6V, 1C=200mA/g	281（第 1 次循环）, 92%, 0.1C, RT 231（1C）, 205（2C）, 172（5C）, 110（10C）, RT	[91]
$LaPO_4@Li_{1.2}Mn_{0.56}Ni_{0.16}Co_{0.08}O_2$	2.0~4.7V, 1C=200mA/g	220（第 20 次循环）, 78%, 0.5C, 55℃ & 247, 0.1C, -20℃ 113, 5C	[23]

　　在磷酸盐表面改性热处理的过程中，存在 Li 离子从基体材料向表面改性物质扩散的现象，造成一定量的 Li 损失，而含锂的磷酸盐（如：$LiFePO_4$[20]、$LiVPO_4$[37]、$LiNiPO_4$[92]、$LiMgPO_4$[93]）的引入使正极材料免于电解液侵蚀的同时，则可能进一步提升改性后材料的电化学性能，如：离子导体 Li_3PO_4[84~87]加快了锂离子在电极/电解液界面处的扩散和电荷转移过程，且改性过程中能够去除正极材料表面的 Li_2CO_3 相，在材料亚表层形成连续的堆积缺陷[85]，该缺陷推迟了富锂材料结构氧的释放和相转变，改善了改性后材料的倍率性能、结构稳定性和循环稳定性。Cho 等人[93]将 $[Li_{1.17}Mn_{0.5}Ni_{0.17}Co_{0.17}]O_2$ 和 $NH_4H_2PO_4$ 加入含有 PVP 的 $Mg(NO_3)_2$ 去离子水溶液中，过滤干燥后与乙酸锂混合焙烧形成表层为 $LiMgPO_4$，亚表层为盐岩相的双层包覆的材料。如图 3-7 所示，Mg^{2+} 在热处理时扩散进入富锂材料 Li^+ 层，占据 Li(4h) 位，在充放电过程中能够有效抑制过渡金属向 Li 层迁移。表面双层包覆和 Mg^{2+} 的协同作用有效改善了材料表面和体相结构的稳定性，抑制了放电循环过程中电压的衰退，提高了材料的循环稳定性而且有效提升了材料的倍率性能。

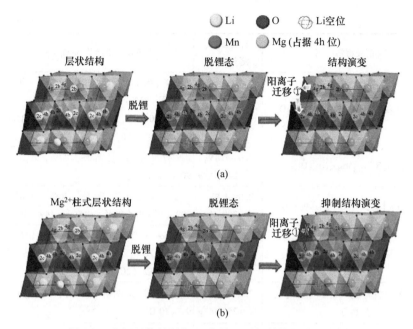

图 3-7 富锂基体材料与 Mg^{2+} 掺入后的结构衍变示意图
（a）基体材料中，Mn 离子通过临四面体从过渡金属层迁移到 Li 层；
（b）由于 Mg^{2+} 与过渡金属层离子静电斥力的作用阻止 Mn 离子的迁移[93]

3.2.5 其他物质包覆改性

快离子导体包覆层提供了锂离子快速扩散路径，具有良好的导电性能，同时，保护电极表面免受 F$^-$ 的侵蚀[17]，阻止电极表面不必要的副反应，抑制了富锂材料结构的转变，稳定基体材料结构，从而优化了材料的倍率性能、循环稳定及热稳定性能[26]。用于富锂锰材料表面改性的快离子导体有 Li$_2$TiO$_3$[17,96]、LiAlSiO$_4$[26]、LiAlO$_2$[98]、Li$_7$La$_3$Zr$_2$O$_{12}$[99~101] 等。Ye 等人[26]采用 LiAlSiO$_4$（LAS）快离子导体对 Li$_{1.17}$Mn$_{0.58}$Ni$_{0.2}$Co$_{0.05}$O$_2$ 进行改性，如图 3-8 所示，2%（质量分数）LiAlSiO$_4$ 包覆改性后的试样 LAS-2 以 5C 循环 200 次后具有 173mAh/g 的放电比容量，容量保持率高达 85%（见表 3-5）；首次充电至 4.8V 改性后的材料放热量为 336J/g，约为未包覆材料的一半。

表 3-5 富锂锰材料采用其他物质的表面改性与电化学性能

正极材料	电池参数、测量条件	循环和倍率性能/mAh·g^{-1}	参考文献
LiVO$_3$@ Li$_{1.2}$Mn$_{0.54}$Ni$_{0.13}$Co$_{0.13}$O$_2$	2.0~4.8V，1C=250mA/g	272（第 1 次循环），246.8（第 80 次循环，90%），0.1C 245（0.5C），181（2C），156（3C），135（5C），111（10C）	[94]

正极材料	电池参数、测量条件	循环和倍率性能/mAh·g⁻¹	参考文献
$LiV_3O_8/C@Li_{1.2}Mn_{0.54}Ni_{0.13}Co_{0.13}O_2$	2.0~4.8V，1C=250mA/g	269（第 1 次循环，94%），247（第 50 次循环，92%），0.1C　258（0.2C），245（0.5C），229（1C），207（2C），176（5C）	[16]
$Li_3VO_4@Li_{1.2}Mn_{0.6}Ni_{0.2}O_2$	2.0~4.8V，1C=240mA/g	247（第 1 次循环，77%，0.1C），90（10C）	[95]
$Li_2TiO_3@Li_{1.2}Mn_{0.51}Ni_{0.19}Co_{0.1}O_2$	2.0~4.8V，1C=200mA/g	261（第 1 次循环，70%，0.1C），209（第 100 次循环，0.5C），149（5C）	[17]
$Li_2TiO_3@Li_{1.13}Mn_{0.57}Ni_{0.3}O_2$	2.0~4.8V，1C=200mA/g	169（第 50 次循环，01C），158（0.2C），105（第 100 次循环，0.5C），92（2C）	[96]
$Li_2SiO_3@Li_{1.2}Mn_{0.54}Ni_{0.13}Co_{0.13}O_2@$尖晶石	2.0~4.8V，1C=250mA/g	180（第 100 次循环，1C），227（2C），94（10 C）	[14]
$Li_2SiO_3@Li_{1.13}Mn_{0.57}Ni_{0.30}O_2$	2.0~4.8V，1C=200mA/g	152（第 100 次循环，0.5C），120（第 100 次循环，2C），75（第 300 次循环，5C）	[21]
$LiAlSiO_4@Li_{1.17}Mn_{0.58}Ni_{0.2}Co_{0.05}O_2$	2.0~4.8V，1C=300mA/g	193（第 1 次循环），89%（第 100 次循环），1C；173（85%，第 200 次循环，5C）	[26]
Li_2O-$LiBO_2$-$Li_3BO_3@$ $Li_{1.18}Mn_{0.52}Ni_{0.15}Co_{0.15}O_2@Li_4M_5O_{12}$	2.0~4.8V，1C=200mA/g	259（86%，第 1 次循环），239（第 100 次循环），0.2C；109（第 300 次循环）10C；100，20C	[97]
$LiAlO_2@Li_{1.17}Mn_{0.58}Ni_{0.2}Co_{0.05}O_2$	2.0~4.8V，1C=300mA/g	196（0.5C），184（1C），168（2C），145（5C）175（91%，第 140 次循环，1C），125（第 70 次循环，5C）	[98]
$Li_7La_3Zr_2O_{12}@Li_{1.2}Mn_{0.54}Ni_{0.13}Co_{0.1}O_2$	2.0~4.8V，1C=？	273（82%，第 1 次循环，0.1C），216（87%，第 45 次循环，1C）	[99]
$Li_{1+x}Mn_2O_4@Li_{1.2}Mn_{0.6}Ni_{0.2}O_2$	2.0~4.8V，1C=250mA/g	280（第 50 次循环，0.1C），220（第 100 次循环，1C）248（1C），224（2C），200（5C），125（10C）	[102]
$Li_4M_5O_{12}@BiOF@Li_{1.18}Mn_{0.52}Ni_{0.15}O_2$	2.5~4.8V，1C=200mA/g	292（92%，第 1 次循环，0.2C），269（第 100 次循环，0.2C），78（25C）	[103]

续表 3-5

正极材料	电池参数、测量条件	循环和倍率性能/mAh·g⁻¹	参考文献
$MoS_2 @ Li_{1.2}Mn_{0.54}Ni_{0.13}Co_{0.13}O_2$	2.0~4.8V，1C=250mA/g	229（84%，第 1 次循环，0.2C），191（93%，第 100 次循环，0.5C）188（1C），129（5C）	[104]
金属有机框架材料@ $Li_{1.17}Mn_{0.58}Ni_{0.2}Co_{0.05}O_2$	2.0~4.8V，1C=300mA/g	284（88%，第 100 次循环，0.1C），254（0.2C），224（0.5C）	[5]
PEDOT：PSS@ $Li_{1.2}Mn_{0.6}Ni_{0.2}O_2$	2.0~4.8V，1C=200mA/g	213（第 50 次循环，0.2C），147（第 100 次循环，1C）135（2C）	[15]

注：PEDOT：PSS 指聚苯乙烯磺酸盐的（3，4-乙烯二氧噻吩单体）聚合物水溶液

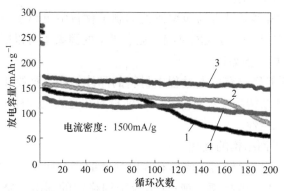

图 3-8　基体材料与 $LiAlSiO_4$ 包覆改性材料 5C 时的循环性能
1—LAS-0；2—LAS-1；3—LAS-2；4—LAS-3

除快离子导体外，具有尖晶石结构 $Li_{teh}[Mn_{2-x}Li_x]_{oct}O_4$ 的物质，如 $Li_4M_5O_{12}$，具有良好的锂离子扩散三维通道且具有电化学活性，在富锂锰材料的改性过程中也能够有效提升锂离子的扩散速率，降低材料的电化学转移阻抗，增加材料的循环性能和倍率性能[102,103]。

由于在富锂锰层状材料首次充电过程中，晶格氧的释放和过渡金属的迁移带来材料结构上的变化导致部分锂离子在放电过程中无法嵌入，产生了大的不可逆容量。通过表层储锂物质（如：多价钒化合物[16,94,95]）与富锂基体材料的复合，为基体材料中无法嵌入的锂离子提供宿体，从而提高材料的可逆容量和首次库仑效率。Li 等人[16]将 NH_4VO_3 和蔗糖加入含有 $Li_{1.2}Mn_{0.54}Ni_{0.13}Co_{0.13}O_2$ 粉体的悬浮液中，干燥、焙烧后获得 LiV_3O_8 与 C 复合包覆的正极材料。5C 倍率下放电容量为 176mAh/g，具有良好的倍率性能。

3.2.6　表面改性机理探讨

表面改性中，包覆改性物都能够在一定程度上抑制电解液对富锂锰材料的侵

蚀，改善材料结构的稳定性和热稳定性；除此之外，碳、电化学活性的氧化物、快离子导体以及具有尖晶石结构的部分物质还主要提升了改性物/基体材料界面上的离子和电子电导；氧化物能够有效抑制基体材料中氧空位的释放，降低材料高压下的界面阻抗；氟化物改性过程中，在富锂锰材料颗粒表面出现的类尖晶石相或在改性物/基体界面层出现的新相提供了锂离子快速通过的通道，改善了材料的导电性能；表层储锂物质主要为基体材料中无法嵌入的锂离子提供宿体，改善材料的可逆容量和首次库仑效率。总之，表面改性使富锂锰层状材料的表面、界面以及体结构得到优化，表现出高的放电比容量、良好的倍率性能、循环稳定性和热稳定性。

包覆改性机理，可以从以下两个大的方面进行分析[105]：

（1）自身结构的优化。

1）富锂正极材料通过表面包覆改性抑制了材料中氧离子空位的消失，同时提高了锂离子的空位，使得放电过程中能有更多的锂离子可以嵌入，提高了首次放电比容量和首次库仑效率。

2）表面包覆能稳定充放电过程中材料的晶体结构，抑制正极材料在锂离子脱嵌过程中发生的结构畸变和相变，从而使材料在充放电过程中保持了良好的结构稳定性和循环稳定性。

（2）表面与界面结构的优化。

1）改性物与富锂锰材料形成具有高电导率的固溶体（如 $LiAlO_2$、类尖晶石相），提高材料的离子电导率；或/和形成结构稳定的固溶体结构抑制高压氧的析出。

2）包覆过程中去除原正极材料表面的电化学惰性材料，如 Li_2CO_3，改善材料的电导率。

3）改性物质在正极材料的表面形成包覆层，减少了正极材料与电解液的直接接触面积，减轻了材料中金属离子的溶解和电解液对正极材料的破坏，保持了结构的稳定性。

4）表面包覆层的存在可阻止材料中氧的逸出，抑制了充放电过程中材料表面电解液的氧化，减少了 SEI 膜的形成，改善了电化学稳定性，提高了材料的电导率。

3.3 富锂锰基层状正极材料的掺杂改性

元素掺杂改性能够有效改变材料中离子的占位、缺陷数量及分布、金属-氧配位等局域结构，在一定程度上能够抑制晶格氧脱出，改善材料的循环、倍率以及热稳定性能等。掺杂可以选择在 Li 位、过渡金属 M 位以及 O 位，Li 位的掺杂离子主要为 Na^+、K^+、Mg^{2+}，过渡金属 M 位的离子主要有 Al^{3+}、Cr^{3+}、Co^{3+}、

Mo^{6+}、Ru^{4+}、Ti^{4+}，O 位的掺杂离子主要为 F^-。

Kim 等人[106]用离子交换法合成了 Na^+ 掺杂的 $Li_{1.32}Na_{0.02}Ni_{0.25}Mn_{0.75}O_y$，材料在锂离子脱嵌过程具有良好的结构稳定性，在 15mA/g 条件下首次放电比容量为 220mAh/g，循环 40 次容量无衰减；1500mA/g 时放电比容量为 150mAh/g，具有良好的倍率性能。王先友等人[107]采用碳酸盐共沉淀制备出了 Mg^{2+} 掺杂的 $Li_{1.4}Mg_{0.1}[Mn_{0.75}Ni_{0.25}]O_{2+d}$ 富锂锰正极材料，Mg 掺杂为锂离子的脱嵌提供稳定、高效的扩散通道，掺杂后的材料表现出高倍率性能和首次库仑效率。Li 等人[108]用共沉淀法合成了 Al 掺杂的 $Li_{1.2}Ni_{0.16}Mn_{0.56}Co_{0.08-y}Al_yO_2$（$y = 0$，0.024，0.048，0.08），当 Al 掺杂量不大于 0.06 时完全固溶，并且随着 Al 掺杂量的增加材料的热稳定提高，但是倍率性能不理想有待提高。Jiao 等人[109]用高温固相法掺杂 Cr 合成 $Li[Li_{0.2}Ni_{0.2-x/2}Mn_{0.6-x/2}Cr_x]O_2$，$x = 0.08$ 时首次放电比容量最高达到 261mAh/g，$x = 0.04$ 的材料具有很好的循环稳定性和倍率性能。Kam 等人[110]采用 Ti 掺杂富锂，使材料的实际放电比容量提高了 15%，并改善了材料的首次可逆效率和循环性能。Lu 等人[111]通过 Ru 掺杂 $Li[Li_{0.2}Mn_{0.54}Ni_{0.13}Co_{0.13}]O_2$ 改善了材料的电化学性能，尤其是高倍率时；当采用 500mA/g 的电流放电时，其放电容量高达 182mAh/g，但其循环过程中出现明显的尖晶石相，破坏了材料循环过程中的结构稳定性，恶化了材料的循环性能。Kang 等人[112]用溶胶凝胶法制备了 F 掺杂改性的 $Li[Li_{0.2}Ni_{0.15+0.5z}Co_{0.1}Mn_{0.55-0.5z}]O_{2-z}F_z$（$0 \leqslant z \leqslant 0.1$）。随着 F 掺杂量的增加，首次放电比容量稍有降低，但常温、高温下的循环稳定性大幅提高，并且全电池的阻抗明显降低。F 掺杂降低了材料的放热量，提升了材料的放热温度，实验结果表明，F 掺杂有效地提高了材料循环稳定性和热稳定性。

3.4 本章小结

由本章所述内容可得到以下几点：

（1）富锂锰基层状正极材料中"Li_2MnO_3"区较慢的电化学动力学特征、晶格氧的脱出、锂/氧空位的存在以及材料局域结构的重构是富锂锰基材料首次可逆效率低，尤其是倍率性能和循环性能较差的重要原因。

（2）表面改性对界面结构的改善、材料体相结构的稳定性和界面粒子的传输性有着重要的作用。表面改性中，包覆改性物都能够在一定程度上抑制电解液对富锂锰材料的侵蚀，改善材料结构的稳定性和热稳定性；另外，碳、氧化物、快离子导体以及具有尖晶石结构的部分物质还主要提升了改性物/基体材料界面上的离子和电子电导；氧化物能够有效抑制基体材料中氧空位的释放，降低材料高压下的界面阻抗；氟化物改性过程中，在富锂锰材料颗粒表面出现的类尖晶石相或在改性物/基体界面层出现的新相提供了锂离子快速通过的通道，改善了材料的导电性能；表层储锂物质主要为基体材料中无法嵌入的锂离子提供宿体，改善材料的可逆容量和首次库仑效率。总之，表面改性使富锂锰基层状材料的表面、界面以及体结构得到优化，表现出高的放电比容量、良好的倍率性能、循环稳定性和热稳定性。

（3）元素掺杂改性能够有效改变材料中离子的占位、缺陷数量及分布、金属-氧配位等局域结构，在一定程度上能够抑制晶格氧脱出，改善材料的循环、倍率以及热稳定性能等。掺杂可以选择在 Li 位、过渡金属 M 位以及 O 位。

（4）改性及改性机理的分析在本质上依赖于富锂材料结构和电化学反应机理的认识。结构上，合成条件（如合成工艺、氧分压、升温/降温速率）和组成对合成富锂锰材料的体相结构、表面或亚表面微观结构的影响；电化学反应过程中，"Li_2MnO_3" 中氧离子全部氧化生成 O_2，在富锂锰层状材料的表层或亚表层形成氧空位，还是部分氧离子氧化生成 O_2，而另一部分作为可逆氧化还原对参与电化学反应的机理仍存在较大异议。另外，富锂锰材料的电压衰退与氧局域结构环境的变化、过渡金属离子的迁移（以及由此形成的 Ni/Mn 分离）、锂离子的扩散之间的关系等还需要进一步的研究。

参 考 文 献

[1] Thackeray M M, Kang S H, Johnson C S, et al. Li_2MnO_3-stabilized $LiMO_2$ (M = Mn, Ni, Co) electrodes for lithium-ion batteries [J]. J. Mater. Chem. , 2007, 17: 3112-3125.

[2] Kang S H, Kempgens P, Greenbaum S, et al. Interpreting the structural and electrochemical complexity of $0.5Li_2MnO_3 \cdot 0.5LiMO_2$ electrodes for lithium batteries (M = $Mn_{0.5-x}Ni_{0.5-x}Co_{2x}$, $0 \leqslant x \leqslant 0.5$) [J]. J. Mater. Chem. , 2007, 17 (20): 2069-2077.

[3] Jarvis K A, Deng Z, Allard L F, et al. Atomic structure of a lithium-rich layered oxide material for lithium-ion batteries: Evidence of a solid solution [J]. Chem. Mater. , 2011, 23 (16): 3614-3621.

[4] Yu H, Ishikawa R, So Y G, et al. Direct atomic-resolution observation of two phases in the $Li_{1.2}Mn_{0.567}Ni_{0.166}Co_{0.067}O_2$ cathode material for lithium-ion batteries [J]. Angew. Chem. Int. Ed. , 2013, 52, 5969-5973.

[5] Qiao Q Q, Li G R, Wang Y L, et al. To enhance the capacity of Li-rich layered oxides by surface modification with metal-organic frameworks (MOFs) as cathodes for advanced lithium-ion batteries [J]. J. Mater. Chem. A, 2016, 4 (12): 4440-4447.

[6] Luo D, Fang S, Tian Q, et al. Discovery of a surface protective layer: A new insight into countering capacity and voltage degradation for high-energy lithium-ion batteries [J]. Nano Energy, 2016, 21: 198-208.

[7] Yu H, So Y G, Kuwabara A, et al. Crystalline grain interior configuration affects lithium migra-

tion kinetics in Li-rich layered oxide [J]. Nano Lett. , 2016, 16 (5): 2907-2915.

[8] Zheng J, Xu P, Gu M, et al. Structural and chemical evolution of Li- and Mn-rich layered cathode material [J]. Chem. Mater. , 2015, 27 (4): 1381-1390.

[9] Armstrong A R, Holzapfel M, Novaka P, et al. Demonstrating oxygen loss and associated structural reorganization in the lithium battery cathode Li[$Ni_{0.2}Li_{0.2}Mn_{0.6}$]O_2 [J]. J. Am. Chem. Soc. , 2006, 128: 8694-9698.

[10] Seo D-H, Lee J, Urban A, et al. The structural and chemical origin of the oxygen redox activity in layered and cation-disordered Li-excess cathode materials [J]. Nat. Chem. , 2016, 8 (7): 692-697.

[11] Qiu B, Zhang M, Wu L, et al. Gas-solid interfacial modification of oxygen activity in layered oxide cathodes for lithium-ion batteries [J]. Nat. Commun. , 2016, 7: 12108.

[12] Zhang X, Yin Y, Hu Y, et al. Zr-containing phosphate coating to enhance the electrochemical performances of Li-rich layer-structured Li[$Li_{0.2}Ni_{0.17}Co_{0.07}Mn_{0.56}$]$O_2$ [J]. Electrochim. Acta, 2016, 193: 96-103.

[13] Zhang X, Yang Y, Sun S, et al. Multifunctional ZrF_4 nanocoating for improving lithium storage performances in layered Li[$Li_{0.2}Ni_{0.17}Co_{0.07}Mn_{0.56}$]$O_2$ [J]. Solid State ion. , 2016, 284: 7-13.

[14] Xu M, Lian Q, Wu Y, et al. Li^+-conductive Li_2SiO_3 stabilized Li-rich layered oxide with an in situ formed spinel nano-coating layer: toward enhanced electrochemical performance for lithium-ion batteries [J]. RSC Adv. , 2016, 6 (41): 34245-34253.

[15] Wu F, Liu J, Li L, et al. Surface modification of Li-rich cathode materials for lithium-ion batteries with a PEDOT: PSS conducting polymer [J]. ACS Appl. Mater. Interfaces, 2016, 8 (35): 23095-23104.

[16] Sun K, Peng C, Li Z, et al. Hybrid LiV_3O_8/carbon encapsulated $Li_{1.2}Mn_{0.54}Co_{0.13}Ni_{0.13}O_2$ with improved electrochemical properties for lithium ion batteries [J]. RSC Adv. , 2016, 6 (34): 28729-28736.

[17] Kong J Z, Ren C, Jiang Y X, et al. Li-ion-conductive Li_2TiO_3-coated Li[$Li_{0.2}Mn_{0.51}Ni_{0.19}Co_{0.1}$]$O_2$ for high performance cathode material in lithium-ion battery [J]. J. Solid State Electrochem. , 2016, 20 (5): 1435-1443.

[18] Jin Y, Xu Y, Sun X, et al. Electrochemically active MnO_2 coated $Li_{1.2}Ni_{0.18}Co_{0.04}Mn_{0.58}O_2$ cathode with highly improved initial coulombic efficiency [J]. Appl. Surf. Sci. , 2016, 384: 125-134.

[19] Chen D, Tu W, Chen M, et al. Synthesis and performances of Li-Rich@ AlF_3@ Graphene as cathode of lithium ion battery [J]. Electrochim. Acta, 2016, 193: 45-53.

[20] Zheng F, Yang C, Xiong X, et al. Nanoscale surface modification of lithium-rich layered-oxide composite cathodes for suppressing voltage fade [J]. Angew. Chem. Int. Ed. , 2015, 54 (44): 13058-13062.

[21] Zhao E, Liu X, Zhao H, et al. Ion conducting Li_2SiO_3-coated lithium-rich layered oxide ex-

hibiting high rate capability and low polarization [J]. Chem Commun (Camb), 2015, 51 (44): 9093-9096.

[22] Zhang J, Lei Z, Wang J, et al. Surface modification of $Li_{1.2}Ni_{0.13}Mn_{0.54}Co_{0.13}O_2$ by hydrazine vapor as cathode material for lithium-ion batteries [J]. ACS appl. Mater. interfaces, 2015, 7 (29): 15821-15829.

[23] Xie Q, Zhao C, Hu Z, et al. $LaPO_4$-coated $Li_{1.2}Mn_{0.56}Ni_{0.16}Co_{0.08}O_2$ as a cathode material with enhanced coulombic efficiency and rate capability for lithium ion batteries [J]. RSC Adv., 2015, 5 (94): 77324-77331.

[24] Xia Q, Zhao X, Xu M, et al. A Li-rich layered@Spinel@Carbon heterostructured cathode material for high capacity and high rate lithium-ion batteries fabricated via an in situ synchronous carbonization-reduction method [J]. J. Mater. Chem. A, 2015, 3 (7): 3995-4003.

[25] Wang D, Li X, Wang Z, et al. Improved high voltage electrochemical performance of Li_2ZrO_3-coated $LiNi_{0.5}Co_{0.2}Mn_{0.3}O_2$ cathode material [J]. J. Alloys Compd., 2015, 647: 612-619.

[26] Sun Y Y, Li F, Qiao Q Q, et al. Surface modification of $Li(Li_{0.17}Ni_{0.2}Co_{0.05}Mn_{0.58})O_2$ with $LiAlSiO_4$ fast ion conductor as cathode material for Li-ion batteries [J]. Electrochim. Acta, 2015, 176: 1464-1475.

[27] Sun S, Yin Y, Wan N, et al. AlF_3 surface-coated $Li[Li_{0.2}Ni_{0.17}Co_{0.07}Mn_{0.56}]O_2$ nanoparticles with superior electrochemical performance for lithium-ion batteries [J]. ChemSusChem, 2015, 8 (15): 2544-2550.

[28] Sun S, Wan N, Wu Q, et al. Surface-modified $Li[Li_{0.2}Ni_{0.17}Co_{0.07}Mn_{0.56}]O_2$ nanoparticles with MgF_2 as cathode for Li-ion battery [J]. Solid State Ion., 2015, 278: 85-90.

[29] Liu X, Huang T, Yu A. Surface phase transformation and CaF_2 coating for enhanced electrochemical performance of Li-rich Mn-based cathodes [J]. Electrochim. Acta, 2015, 163: 82-92.

[30] Liu H, Qian D, Verde M G, et al. Understanding the role of NH_4F and Al_2O_3 surface Comodification on lithium-excess layered oxide $Li_{1.2}Ni_{0.2}Mn_{0.6}O_2$ [J]. ACS appl. Mater. interfaces, 2015, 7 (34): 19189-19200.

[31] Guo L, Zhao N, Li J, et al. Surface double phase network modified lithium rich layered oxides with improved rate capability for Li-ion batteries [J]. ACS appl. Mater. interfaces, 2015, 7 (1): 391-399.

[32] Yuan W, Zhang H Z, Liu Q, et al. Surface modification of $Li(Li_{0.17}Ni_{0.2}Co_{0.05}Mn_{0.58})O_2$ with CeO_2 as cathode material for Li-ion batteries [J]. Electrochim. Acta, 2014, 135: 199-207.

[33] Xu G, Li J, Xue Q, et al. Elevated electrochemical performance of $(NH_4)_3AlF_6$ coated $0.5Li_2MnO_3 \cdot 0.5LiNi_{1/3}Co_{1/3}Mn_{1/3}O_2$ cathode material via a novel wet coating method [J]. Electrochim. Acta, 2014, 117: 41-47.

[34] Song B, Zhou C, Chen Y, et al. Role of carbon coating in improving electrochemical perform-

ance of Li-rich Li ($Li_{0.2} Mn_{0.54} Ni_{0.13} Co_{0.13}$) O_2 cathode [J]. RSC Adv. , 2014, 4 (83): 44244-44252.

[35] Meng H, Jin H, Gao J, et al. $Pr_6 O_{11}$-coated high capacity layered Li[$Li_{0.17} Ni_{0.17} Co_{0.10}$ $Mn_{0.56}$]O_2 as a cathode material for lithium ion batteries [J]. J. Electrochem. Soc. , 2014, 161 (10): A1564-A1571.

[36] Mauger A, Julien C. Surface modifications of electrode materials for lithium-ion batteries: status and trends [J]. Ionics, 2014, 20 (6): 751-787.

[37] Liu Y, Huang X, Qiao Q, et al. $Li_3 V_2$ (PO_4)$_3$-coated $Li_{1.17} Ni_{0.2} Co_{0.05} Mn_{0.58} O_2$ as the cathode materials with high rate capability for Lithium ion batteries [J]. Electrochim. Acta, 2014, 147: 696-703.

[38] Sun Y K, Lee M J, Yoon C S, et al. The role of AlF_3 coatings in improving electrochemical cycling of Li-enriched nickel-manganese oxide electrodes for Li-ion batteries [J]. Adv. Mater. , 2012, 24 (9): 1192-1196.

[39] Li Z, Chemova N A, Feng J, et al. Stability and rate capability of Al substituted lithium-rich high-Manganese content oxide Materials for li-Ion batteries [J]. J. Electrochem. Soc. , 2012, 159 (2): A116.

[40] Li G R, Feng X, Ding Y, et al. AlF_3-coated Li($Li_{0.17} Ni_{0.25} Mn_{0.58}$)O_2 as cathode material for Li-ion batteries [J]. Electrochim. Acta, 2012, 78: 308-315.

[41] Wang Q Y, Liu J, Murugan A V, et al. High capacity double-layer surface modified Li[$Li_{0.2} Mn_{0.54} Ni_{0.13} Co_{0.13}$]$O_2$ cathode with improved rate capability [J]. J. Mater. Chem. , 2009, 19 (28): 4965-4972.

[42] Zheng J M, Zhang Z R, Wu X B, et al. The Effects of AlF_3 Coating on the Performance of Li[$Li_{0.2} Mn_{0.54} Ni_{0.13} Co_{0.13}$]$O_2$ Positive Electrode Material for Lithium-Ion Battery [J]. J. Electrochem. Soc. , 2008, 155 (10): A775-A782.

[43] Yang Y, Zheng J M, Li J, et al. The effects of TiO_2 coating on the electrochemical perform-ance of Li[$Li_{0.2} Mn_{0.54} Ni_{0.13} Co_{0.13}$]$O_2$ cathode material for lithium-ion battery [J]. Solid State Ion. , 2008, 179 (27-32): 1794-1799.

[44] Kumagai N, Kim J-M, Syo T, et al. Structural modification of Li[$Li_{0.27} Co_{0.20} Mn_{0.53}$]$O_2$ by lithium extraction and its electrochemical property as the positive electrode for Li-ion batteries [J]. Electrochim. Acta, 2008, 53: 5287-5293.

[45] Zhao T, Li L, Chen R, et al. Design of surface protective layer of LiF/FeF_3 nanoparticles in Li-rich cathode for high-capacity Li-ion batteries [J]. Nano Energy, 2015, 15: 164-176.

[46] Chen J J, Li Z D, Xiang H F, et al. Bifunctional effects of carbon coating on high-capacity Li[$Li_{0.2} Mn_{0.54} Ni_{0.13} Co_{0.13}$]$O_2$ cathode for lithium-ion batteries [J]. J. Solid State Electro-chem. , 2015, 19 (4): 1027-1035.

[47] 吴晓彪, 董志鑫, 郑建明, 等. 锂离子电池正极材料 Li[$Li_{0.2} Mn_{0.54} Ni_{0.13} Co_{0.13}$]$O_2$的碳包覆研究 [J]. 厦门大学学报 (自然科学版), 2008, 47 (2): 224-227.

[48] Ma D, Zhang P, Li Y, et al. $Li_{1.2} Mn_{0.54} Ni_{0.13} Co_{0.13} O_2$-encapsulated carbon nanofiber

network cathodes with improved stability and rate capability for Li-ion batteries [J]. Sci. Rep. , 2015, 5: 11257.

[49] 侯孟炎，王珂，董晓丽，等. 石墨烯包覆富锂层状材料的制备及其电化学性能 [J]. 电化学, 2015, 21 (3): 195-200.

[50] He Z, Wang Z, Guo H, et al. A simple method of preparing graphene-coated Li[Li$_{0.2}$Mn$_{0.54}$Ni$_{0.13}$Co$_{0.13}$]O$_2$ for lithium-ion batteries [J]. Mater. Lett. , 2013, 91: 261-264.

[51] Song B, Lai M O, Liu Z, et al. Graphene-based surface modification on layered Li-rich cathode for high-performance Li-ion batteries [J]. J Mater. Chem. A, 2013, 1 (34): 9954-9965.

[52] Kim I T, Knight J C, Celio H, et al. Enhanced electrochemical performances of Li-rich layered oxides by surface modification with reduced graphene oxide/AlPO$_4$ hybrid coating [J]. J. Mater. Chem. A, 2014, 2 (23): 8696.

[53] Zhuo H, Zhang Y, Wang D, et al. Insight into lithium-rich layered cathode materials Li[Li$_{0.1}$Ni$_{0.45}$Mn$_{0.45}$]O$_2$ in situ coated with graphene-like carbon [J]. Electrochim. Acta, 2014, 149: 42-48.

[54] Xue Q, Li J, Xu G, et al. In situ polyaniline modified cathode material Li[Li$_{0.2}$Mn$_{0.54}$Ni$_{0.13}$Co$_{0.13}$]O$_2$ with high rate capacity for lithium ion batteries [J]. J. Mater. Chem. A, 2014, 2 (43): 18613-18623.

[55] Ahn D, Koo Y-M, Kim M G, et al. Polyaniline Nanocoating on the Surface of Layered Li[Li$_{0.2}$Co$_{0.1}$Mn$_{0.7}$]O$_2$ nanodisks and enhanced cyclability as a cathode electrode for rechargeable lithium-ion battery [J]. J. Phys. Chem. C, 2010, 114 (8): 3675-3680.

[56] Shi S J, Tu J P, Mai Y J, et al. Effect of carbon coating on electrochemical performance of Li$_{1.048}$Mn$_{0.38}$Ni$_{0.286}$Co$_{0.286}$O$_2$ cathode material for lithium-ion batteries [J]. Electrochim. Acta, 2012, 63: 112-117.

[57] Liu J, Wang Q, Reeja-jayan B, et al. Carbon-coated high capacity layered Li[Li$_{0.2}$Mn$_{0.54}$Ni$_{0.13}$Co$_{0.13}$]O$_2$ cathodes [J]. Electrochem. Commun. , 2010, 12 (6): 750-753.

[58] Shi S J, Tu J P, Tang Y Y, et al. Enhanced cycling stability of Li[Li$_{0.2}$Mn$_{0.54}$Ni$_{0.13}$Co$_{0.13}$]O$_2$ by surface modification of MgO with melting impregnation method [J]. Electrochim. Acta, 2013, 88: 671-679.

[59] Kobayashi G, Irii Y, Matsumoto F, et al. Improving cycling performance of Li-rich layered cathode materials through combination of Al$_2$O$_3$-based surface modification and stepwise precycling [J]. J. Power Sources, 2016, 303: 250-256.

[60] Zou G, Yang X, Wang X, et al. Improvement of electrochemical performance for Li-rich spherical Li$_{1.3}$[Ni$_{0.35}$Mn$_{0.65}$]O$_{2+x}$ modified by Al$_2$O$_3$ [J]. J. Solid State Electrochem. , 2014, 18 (7): 1789-1797.

[61] Myung S T, Izumi K, Komaba S, et al. Functionality of oxide coating for

Li[Li$_{0.05}$Ni$_{0.4}$Co$_{0.15}$Mn$_{0.4}$]O$_2$ as positive electrode materials for Li-ion secondary batteries [J]. J. Phys. Chem. C, 2007, 111: 4061-4067.

[62] He W, Qian J, Cao Y, et al. Improved electrochemical performances of nanocrystalline Li[Li$_{0.2}$Mn$_{0.54}$Ni$_{0.13}$Co$_{0.13}$]O$_2$ cathode material for Li-ion batteries [J]. RSC Advances, 2012, 2 (8): 3423-3429.

[63] Wang Z, Liu E, Guo L, et al. Cycle performance improvement of Li-rich layered cathode material Li[Li$_{0.2}$Mn$_{0.54}$Ni$_{0.13}$Co$_{0.13}$]O$_2$ by ZrO$_2$ coating [J]. Surf. Coat. Technol. , 2013, 235: 570-576.

[64] Lee H J, Park Y J. Synthesis of Li[Ni$_{0.2}$Li$_{0.2}$Mn$_{0.6}$]O$_2$ nano-particles and their surface modification using a polydopamine layer [J]. J. Power Sources, 2013, 244: 222-233.

[65] Lee G-H, Choi I H, Oh M Y, et al. Confined ZrO$_2$ encapsulation over high capacity integrated 0. 5Li[Ni$_{0.5}$Mn$_{1.5}$]O$_4$ · 0. 5[Li$_2$MnO$_3$ · Li(Mn$_{0.5}$Ni$_{0.5}$)O$_2$] cathode with enhanced electrochemical performance [J]. Electrochim. Acta, 2016, 194: 454-460.

[66] Uzun D, Do ğrusöz M, Mazman M, et al. Effect of MnO$_2$ coating on layered Li(Li$_{0.1}$Ni$_{0.3}$Mn$_{0.5}$Fe$_{0.1}$)O$_2$ cathode material for Li-ion batteries [J]. Solid State Ion. , 2013, 249-250: 171-176.

[67] Guo S, Yu H, Liu P, et al. Surface coating of lithium-manganese-rich layered oxides with delaminated MnO$_2$ nanosheets as cathode materials for Li-ion batteries [J]. J. Mater. Chem. A, 2014, 2 (12): 4422-4428.

[68] Wu F, Li N, Su Y, et al. Can surface modification be more effective to enhance the electrochemical performance of lithium rich materials? [J]. J. Mater. Chem. , 2012, 22 (4): 1489-1497.

[69] Liu J, Manthiram A. Functional surface modifications of a high capacity layered Li[Li$_{0.2}$Mn$_{0.54}$Ni$_{0.13}$Co$_{0.13}$]O$_2$ cathode [J]. J. Mater. Chem. , 2010, 20 (19): 3961-3967.

[70] Li B, Li C, Cai J, et al. In situ nano-coating on Li$_{1.2}$Mn$_{0.54}$Ni$_{0.13}$Co$_{0.13}$O$_2$ with a layered@ spinel@ coating layer heterostructure for lithium-ion batteries [J]. J. Mater. Chem. A, 2015, 3 (42): 21290-21297.

[71] Shi S J, Tu J P, Zhang Y J, et al. Effect of Sm$_2$O$_3$ modification on Li[Li$_{0.2}$Mn$_{0.56}$Ni$_{0.16}$Co$_{0.08}$]O$_2$ cathode material for lithium ion batteries [J]. Electrochim. Acta, 2013, 108: 441-448.

[72] Chen C, Geng T, Du C, et al. Oxygen vacancies in SnO$_2$ surface coating to enhance the activation of layered Li-Rich Li$_{1.2}$Mn$_{0.54}$Ni$_{0.13}$Co$_{0.13}$O$_2$ cathode material for Li-ion batteries [J]. J. Power Sources, 2016, 331: 91-99.

[73] Wang C, Zhou F, Chen K, et al. Electrochemical properties of α-MoO3-coated Li[Li$_{0.2}$Mn$_{0.54}$Ni$_{0.13}$Co$_{0.13}$]O$_2$ cathode material for Li-ion batteries [J]. Electrochim. Acta, 2015, 176: 1171-1181.

[74] Guan X, Ding B, Liu X, et al. Enhancing the electrochemical performance of Li$_{1.2}$Ni$_{0.2}$Mn$_{0.6}$O$_2$ by surface modification with nickel-manganese composite oxide [J]. J. Solid State Electrochem. , 2013, 17 (7): 2087-2093.

［75］ Zhu X, Wang Y, Shang K, et al. Improved rate capability of the conducting functionalized FTO-coated $Li[Li_{0.2}Mn_{0.54}Ni_{0.13}Co_{0.13}]O_2$ cathode material for Li-ion batteries ［J］. J. Mater. Chem. A, 2015, 3 (33): 17113-17119.

［76］ Xu M, Chen Z, Zhu H, et al. Mitigating capacity fade by constructing highly ordered mesoporous Al_2O_3/polyacene double-shelled architecture in Li-rich cathode materials ［J］. J. Mater. Chem. A, 2015, 3 (26): 13933-13945.

［77］ Lian F, Gao M, Ma L, et al. The effect of surface modification on high capacity $Li_{1.375}Ni_{0.25}Mn_{0.75}O_{2+\gamma}$ cathode material for lithium-ion batteries ［J］. J. Alloys Compd. , 2014, 608: 158-164.

［78］ Pang S, Wang Y, Chen T, et al. The effect of AlF_3 modification on the physicochemical and electrochemical properties of Li-rich layered oxide ［J］. Ceram. Int. , 2016, 42 (4): 5397-5402.

［79］ Zheng J, Gu M, Xiao J, et al. Functioning Mechanism of AlF3Coating on the Li- and Mn-Rich Cathode Materials ［J］. Chem. Mater. , 2014, 26 (22): 6320-6327.

［80］ Chong S, Chen Y, Yan W, et al. Suppressing capacity fading and voltage decay of Li-rich layered cathode material by a surface nano-protective layer of CoF_2 for lithium-ion batteries ［J］. J. Power Sources, 2016, 332: 230-239.

［81］ Li L, Chang Y L, Xia H, et al. NH_4F surface modification of Li-rich layered cathode materials ［J］. Solid State Ion. , 2014, 264: 36-44.

［82］ Lu C, Wu H, Zhang Y, et al. Cerium fluoride coated layered oxide $Li_{1.2}Mn_{0.54}Ni_{0.13}Co_{0.13}O_2$ as cathode materials with improved electrochemical performance for lithium ion batteries ［J］. J. Power Sources, 2014, 267: 682-691.

［83］ Kim J H, Park M S, Song J H, et al. Effect of aluminum fluoride coating on the electrochemical and thermal properties of $0.5Li_2MnO_3 \cdot 0.5LiNi_{0.5}Co_{0.2}Mn_{0.3}O_2$ composite material ［J］. J. Alloys Compd. , 2012, 517: 20-25.

［84］ Wang Z, Luo S, Ren J, et al. Enhanced electrochemical performance of Li-rich cathode $Li[Li_{0.2}Mn_{0.54}Ni_{0.13}Co_{0.13}]O_2$ by surface modification with lithium ion conductor Li_3PO_4 ［J］. Appl. Surf. Sci. , 2016, 370: 437-444.

［85］ Bian X, Fu Q, Bie X, et al. Improved electrochemical performance and thermal stability of Li-excess $Li_{1.18}Co_{0.15}Ni_{0.15}Mn_{0.52}O_2$ cathode material by Li_3PO_4 surface coating ［J］. Electrochim. Acta, 2015, 174: 875-884.

［86］ Lee Y, Lee J, Lee K Y, et al. Facile formation of a Li_3PO_4 coating layer during the synthesis of a lithium-rich layered oxide for high-capacity lithium-ion batteries ［J］. J. Power Sources, 2016, 315: 284-293.

［87］ Liu H, Chen C, Du C, et al. Lithium-rich $Li_{1.2}Ni_{0.13}Co_{0.13}Mn_{0.54}O_2$ oxide coated by Li_3PO_4 and carbon nanocomposite layers as high performance cathode materials for lithium ion batteries ［J］. J. Mater. Chem. A, 2015, 3 (6): 2634-2641.

［88］ Wu Y, Vadivel Murugan A, Manthiram A. Surface Modification of High Capacity Layered

$Li[Li_{0.2}Mn_{0.54}Ni_{0.13}Co_{0.13}]O_2$ Cathodes by $AlPO_4$ [J]. J. Electrochem. Soc., 2008, 155 (9): A635-A641.

[89] Lee S H, Koo B K, Kim J C, et al. Effect of $Co_3(PO_4)_2$ coating on $Li[Co_{0.1}Ni_{0.15}Li_{0.2}Mn_{0.55}]O_2$ cathode material for lithium rechargeable batteries [J]. J. Power Sources, 2008, 184 (1): 276-283.

[90] Wang Z, Liu E, He C, et al. Effect of amorphous $FePO_4$ coating on structure and electrochemical performance of $Li_{1.2}Ni_{0.13}Co_{0.13}Mn_{0.54}O_2$ as cathode material for Li-ion batteries [J]. J. Power Sources, 2013, 236: 25-32.

[91] Chen J J, Li Z D, Xiang H F, et al. Enhanced electrochemical performance and thermal stability of a $CePO_4$-coated $Li_{1.2}Ni_{0.13}Co_{0.13}Mn_{0.54}O_2$ cathode material for lithium-ion batteries [J]. RSC Adv., 2015, 5 (4): 3031-3038.

[92] Cho S W, Kim G O, Ryu K S. Sulfur anion doping and surface modification with $LiNiPO_4$ of a $Li[Co_{0.1}Ni_{0.15}Li_{0.2}Mn_{0.55}]O_2$ cathode material for Li-ion batteries [J]. Solid State Ion., 2012, 206: 84-90.

[93] Liu W, Oh P, Liu X, et al. Countering voltage decay and capacity fading of lithium-rich cathode material at 60℃ by hybrid surface protection layers [J]. Adv. Energy Mater., 2015, 5 (13): 1500274 (1-11).

[94] Liu X, Su Q, Zhang C, et al. Enhanced electrochemical performance of $Li_{1.2}Mn_{0.54}Ni_{0.13}Co_{0.13}O_2$ cathode with an ionic conductive $LiVO_3$ coating layer [J]. ACS Sus. Chem. Engin., 2016, 4 (1): 255-263.

[95] Liu Y, Wang Q, Wang X, et al. Improved electrochemical performance of $Li_{1.2}Ni_{0.2}Mn_{0.6}O_2$ cathode material with fast ionic conductor Li_3VO_4 coating [J]. Ionics, 2015, 21 (10): 2725-2733.

[96] Zhao E, Liu X, Hu Z, et al. Facile synthesis and enhanced electrochemical performances of Li_2TiO_3-coated lithium-rich layered $Li_{1.13}Ni_{0.30}Mn_{0.57}O_2$ cathode materials for lithium-ion batteries [J]. J. Power Sources, 2015, 294: 141-149.

[97] Bian X, Fu Q, Qiu H, et al. High-Performance $Li(Li_{0.18}Ni_{0.15}Co_{0.15}Mn_{0.52})O_2@Li_4M_5O_{12}$ heterostructured cathode material coated with a lithium borate oxide glass layer [J]. Chem. Mater., 2015, 27 (16): 5745-5754.

[98] Huang X, Qiao Q, Sun Y, et al. Preparation and electrochemical characterization of $Li(Li_{0.17}Ni_{0.2}Co_{0.05}Mn_{0.58})O_2$ coated with $LiAlO_2$ [J]. J. Solid State Electrochem., 2014, 19 (3): 805-812.

[99] 彭继明, 陈玉华, 李玉, 等. 表面活性剂对 $Li_7La_3Zr_2O_{12}$ 包覆富锂锰基层状正极材料的影响 [J]. 硅酸盐学报, 2016, 44 (4): 493-497.

[100] 李栋, 雷超, 赖华, 等. 全固态锂离子电池正极与石榴石型固体电解质界面的研究进展. 富锂锰层状材料的表面包覆改性 [J]. 无机材料学报, 2019, 34 (7): 694-702.

[101] 李栋, 雷超, 皮琳, 等. 石榴石型固体电解质改性的高镍层状正极材料及制备方法 [P]. 专利号: 201910306941.0

[102] Wu F, Li N, Su Y, et al. Ultrathin spinel membrane-encapsulated layered lithium-rich cathode material for advanced Li-ion batteries [J]. Nano Lett. , 2014, 14 (6): 3550-3555.

[103] Bian X, Fu Q, Pang Q, et al. Multi-functional surface engineering for li-excess layered cathode material targeting excellent electrochemical and thermal safety properties [J]. ACS Appl. Mater. Interfaces, 2016, 8 (5): 3308-3318.

[104] Kong J Z, Wang C L, Qian X, et al. Enhanced electrochemical performance of $Li_{1.2}Mn_{0.54}Ni_{0.13}Co_{0.13}O_2$ by surface modification with graphene-like lithium-active mos_2 [J]. Electrochim. Acta, 2015, 174: 542-550.

[105] 李栋, 赖华, 罗诗健, 等. 富锂锰层状材料的表面包覆改性 [J]. 硅酸盐学报, 2017, 45 (7): 904-915.

[106] Kim D, Kanga S H, Balasubramanian M, et al. High-energy and high-power Li-rich nickel manganese oxide electrode materials [J]. Electrochem. Commun. , 2010, 12 (11): 1618-1621.

[107] Yu R Z, Wang X Y, Fu Y Q, et al. Effect of magnesium doping on properties of lithium-rich layered oxide cathodes based on a one-step co-precipitation strategy [J]. J. Mater. Chem. A, 2016, 4, 4941-4951

[108] Li Z, Chernova NA, Feng J, et al. Stability and rate capability of Al substituted lithium-rich high-manganese content oxide materials for Li-ion batteries [J]. J. Electrochem. Soc. , 2012, 159 (2): A116.

[109] Jiao L F, Zhang M, Yuan H T, et al. Effect of Cr doping on the structural, electrochemical properties of $Li[Li_{0.2}Ni_{0.2-x/2}Mn_{0.6-x/2}Cr_x]O_2$ ($x=0$, 0.02, 0.04, 0.06, 0.08) as cathode materials for lithium secondary batteries [J]. J. Power Sources, 2007, 167 (1): 178-184.

[110] Kam K C, Mehta A, Heron J T, et al. Electrochemical and physical properties of Ti-substituted layered nickel manganese cobalt oxide (NMC) cathode materials [J]. J. Electrochem. Soc. , 2012, 159 (8): A1383-A1392.

[111] Song B, Lai M O, Lu L. Influence of Ru substitution on Li-rich $0.55Li_2MnO_3 \cdot 0.45LiNi_{1/3}Co_{1/3}Mn_{1/3}O_2$ cathode for li-ion batteries [J]. Electrochim. Acta, 2012, 80: 187-195.

[112] Kang S H, Thackeray M M. Layered $Li(Li_{0.2}Ni_{0.15+0.5z}Co_{0.10}Mn_{0.55-0.5z})O_{2-z}F_z$ cathode materials for Li-ion secondary batteries [J]. J. Power Sources, 2005, 146 (1-2): 654-657.

4 低热固相合成富锂锰基层状正极材料的反应机理

通过第3章内容了解到：对于材料的制备、改性及改性机理的分析在本质上依赖于对富锂锰基层状正极材料结构的认识。合成条件对合成富锂锰材料的体相结构、表面或亚表面微观结构有着重要的影响。目前制备富锂锰镍氧化物普遍采用的是液相共沉淀法，具有多元组分均匀、粒径分布可控的优点。但是，为了去除反应体系中的杂质离子如 Na^+、SO_4^{2-} 和 Cl^-，需对共沉淀物质反复洗涤。这个过程造成了材料的损失，从而导致材料的化学计量无法准确控制，同时产生了大量的废水，限制了材料的规模生产和推广使用。

低热固相反应制备富锂锰基层状正极材料在避免液相共沉淀上述不足的同时，有效缩短了材料的制备流程，提升了材料的生产效率[1~4]。本章初步探讨低热固相制备正极材料的合成工艺，分析低热固相法合成正极材料的合成反应机理以及前驱体焙烧过程中的反应动力学特征，为富锂锰基层状正极材料的结构与性能的优化提供理论基础[5,6]。

4.1 低热固相合成富锂锰基层正极材料的工艺过程

采用低热固相法制备富锂锰正极材料的工艺过程如图4-1所示。将金属乙酸盐、草酸和氢氧化锂按所需化学计量比称量，然后加入行星球磨罐中，球磨2h。把球磨后的浆状物干燥后得到前驱体。在450℃下，保温6h；然后继续升温至850℃，保温15h，得到所需富锂锰基层状正极材料[6]。

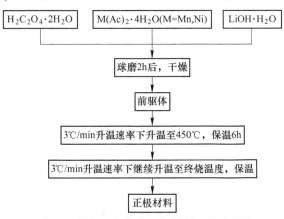

图4-1 低热固相合成正极材料工艺流程图

4.2 低热固相合成材料前驱体反应机理

为了精确控制材料前驱体的合成过程，对低热固相法的合成过程以及前驱体的成分和结构进行了详细研究。从图 4-2 可以看出前驱体中含有大量的无定形产物。原料中过渡金属乙酸盐的最强峰在球磨后的前驱体中并没有出现，物相分析表明：前驱体中的衍射峰是由 $LiHC_2O_4$ 和 $LiHC_2O_4 \cdot H_2O$ 的衍射产生的，其中 $Mn(Ac)_2 \cdot 4H_2O$、$Ni(Ac)_2 \cdot 4H_2O$ 和 $LiHC_2O_4 \cdot H_2O$ 的衍射图谱分别来源于 JCPDS no. 14-0724，no. 26-1282 和 no. 49-1209。综上可知：在球磨的过程中各原料间发生了相互反应。通过酸碱理论得知：原料中 $H_2C_2O_4 \cdot 2H_2O$ 和 $LiOH \cdot H_2O$ 先发生中和反应，生成的产物再与过渡金属乙酸盐发生化学反应。为分析这个过程发生的化学反应和前驱体的结构，采用傅里叶红外光谱分析了前驱体的官能团种类，结

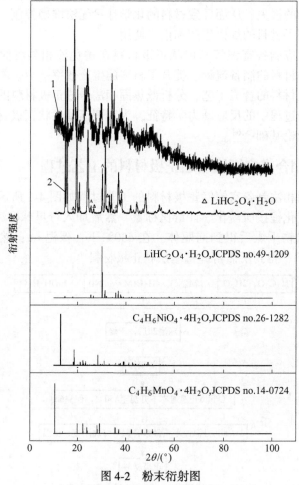

图 4-2 粉末衍射图

1—低热固相合成前驱体；2—$LiHC_2O_4$

果如图4-3和表4-1所示。依此，推测低热固相过程中发生的化学反应如式(4-1)~式(4-3)所示。

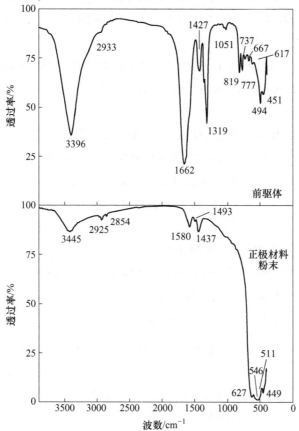

图 4-3 傅里叶红外光谱图

表 4-1 红外吸收频率与对应的官能团

频率/cm^{-1}	官能团	前驱体	正极材料
3396	v_sO—H	×	—
3445/1580	δH$_2$O	—	×
2933	v_sC—H	×	—
1622/1427	v_{as}C＝O/v_sC＝O（COO$^-$）	×	—
1493/1437/546	Ni—O	—	×
1317/1051/819	C—COO	×	—
777/737/667/617/494	M—O（M＝Mn, Ni）	×	—
627/511	Mn—O	—	×
451	Li—O	×	—
449	Li—O	—	×

说明："—"表示不含有；"×"表示含有。

$$1.2H_2C_2O_4 \cdot 2H_2O + 1.2LiOH \cdot H_2O \longrightarrow 1.2LiHC_2O_4 + 4.8H_2O \quad (4\text{-}1)$$

$$0.8LiHC_2O_4 + 0.8M(CH_3COO)_2 \cdot 4H_2O \longrightarrow$$

$$0.8CH_3COOM(OOC)_2Li + 0.8CH_3COOH + 3.2H_2O \quad (4\text{-}2)$$

将式 (4-1) 和式 (4-2) 联立得:

$$1.2H_2C_2O_4 \cdot 2H_2O + 1.2LiOH \cdot H_2O + 0.8M(CH_3COO)_2 \cdot 4H_2O \longrightarrow$$

$$0.8CH_3COOM(OOC)_2Li + 0.8CH_3COOH + 0.4LiHC_2O_4 + 8H_2O \quad (4\text{-}3)$$

其中, M = Mn, Ni。

通过低热固相反应过程的分析得知:在加入的原料中二水草酸和一水氢氧化锂先发生化学反应,然后其反应产物与过渡金属乙酸盐发生螯合反应生成锂和过渡金属的螯合前驱体。实验过程以 $0.5Li_2MnO_3 \cdot 0.5LiMn_{0.5}Ni_{0.5}O_2$ 为例,设计了两种不同的原料添加工艺:(1)将所有的原料加入球磨 2h;(2)采用先将二水草酸和一水氢氧化锂加入球磨半小时,然后加入过渡金属乙酸盐混合球磨,制备出的前驱体编号分别为 201092 和 201093。

图 4-4 为采用两种不同工艺合成正极材料的粉末衍射图。从图 4-4 中可以看出,衍射峰较窄且衍射强度也较高,说明这两种不同添加工艺合成出的正极材料都具有良好的结晶性能。衍射图谱中,除了 $20 \sim 25°(2\theta)$ 之间的超晶格衍射峰外,其他衍射峰均属于 $R\bar{3}m$ 空间群;衍射峰(108)/(110)、(006)/(102)的明显分裂可以初步表明材料形成了好的层状结构。通过材料的衍射峰强度发现:201092 材料的衍射峰强度高于 201093,且 201092 正极材料的晶粒尺寸大于 201093(见图 4-5),呈六方形貌。

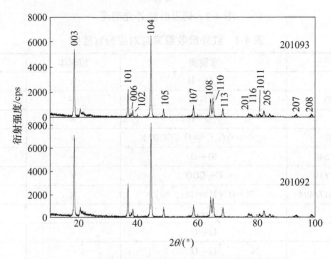

图 4-4　不同前驱体制备出正极材料的粉末衍射图

图 4-5　不同前驱体制备出正极材料的颗粒和晶粒形貌图
（a），（b）前驱体编号为 201092；（c），（d）前驱体编号为 201093

　　从上述的结果可以看出：上述两种不同的添加顺序均以一水氢氧化锂为反应的核心，但合成正极材料的结构和形貌却存在很大的差别。造成这种差别的原因也正是两种工艺过程中反应机理不同的外在体现，对原因的深入分析有助于对低热固相反应机理的深刻认识。上述两种工艺过程中，氢氧化锂和草酸均先发生中和反应生成整个反应体系的核心（草酸氢锂）；但所有原料同时加入时，由于过渡金属乙酸盐的存在，由氢氧化锂和草酸生成的草酸氢锂在球磨过程中通过局部冷溶熔层迅速扩散到整个反应体系中，并与乙酸盐发生螯合反应，生成螯合物 $CH_3COOM(OOC)_2Li$ 和乙酸。这个过程同步降低了第一步中和反应的反应产物草酸氢锂的浓度，使得第一步反应后期的扩散控速步骤变为化学反应步骤，加快了整个化学反应的进行。而采用两步加入原料时，将过渡金属乙酸盐加入第一步生成的草酸氢锂中，在反应的起始阶段仅有与草酸氢锂接触的过渡金属乙酸盐发生反应，随着反应物（草酸氢锂和过渡金属乙酸盐）进一步分散接触后，反应进一步进行。

　　通过上述分析得知：两种不同添加原料的工艺导致结构和形貌不同的本质原

因是低热固相反应过程中合成前驱体的反应动力学和反应微观机制的差异。如图4-6 所示，与分步加入原料的方法相比，同时加入原料的合成工艺过程中，在整个球磨容器中形成了无数个以 LiOH 和 $H_2C_2O_4$ 为核心的反应单元，草酸与氢氧化锂生成 $LiHC_2O_4$ 通过局部冷溶熔层扩散到整个反应体系中与过渡金属乙酸盐发生螯合反应，加快了整体反应的进行。在后续的球磨过程中，上述反应后的产物在球磨罐中均匀分散，形成了组分均匀的前驱体。这使得前驱体加热过程中，分解产物能够更好地固溶，利于形成过渡金属离子均匀分布的理想结构。

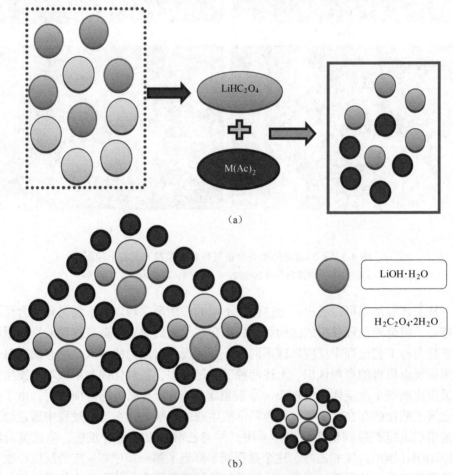

(a)

(b)

图 4-6　低热固相反应生成前驱体过程示意图
(a) 两步加入原料过程；(b) 同时加入

4.3　正极材料前驱体焙烧过程的反应机理

为了分析前驱体在焙烧过程中的反应机理，以便制定出合理的前驱体焙烧工艺，本小节在空气气氛下，从室温到1000℃，对低热固相合成的正极材料前驱体进行了差热热重分析。从图4-7中可以看出：在加热过程中，失重曲线主要分为45~135℃，135~250℃，250~355℃，355~500℃以及500~1000℃5个阶段。为确定在不同温度段下发生的化学反应和生成产物，对产物的物相成分进行了分析。由低热固相反应机理的推论得知：低热固相反应的前驱体中含$CH_3COOM(OOC)_2Li$、$LiHC_2O_4$以及残留的CH_3COOH三种组分。残留的CH_3COOH在低温加热时完全挥发且对加热过程中产物物相的变化没有明显的影响，因此，研究中着重分析了前驱体和单组分$LiHC_2O_4 \cdot H_2O$在加热过程中的物相。具体焙烧过程如下：前驱体在400℃以下，以3℃/min被加热到不同温度下保温3h，各温度下烧成产物粉末衍射谱如图4-8所示；试样在500℃、720℃和760℃下分别保温10h、15h和15h。$LiHC_2O_4 \cdot H_2O$焙烧过程为：以3℃/min被加热到150℃、170℃和420℃下并保温3h。

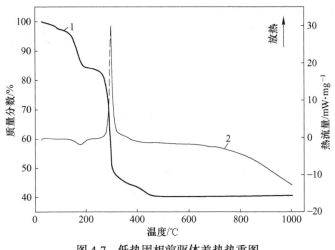

图4-7 低热固相前驱体差热热重图
1—TG；2—DSC

从图4-8（b）中可以看出250℃焙烧后的试样中含有富锰的尖晶石相、富镍层状晶相、草酸锂以及碳酸锂，其中富锰（或富镍）是指锰镍比高于3（或者镍锰比高于1/3）。焙烧过程中，前驱体中的$CH_3COOM(OOC)_2Li$并不是先分解形成锂盐和过渡金属的某种盐，然后由这些盐分解生成对应的氧化物，最后再由这些氧化物生成固溶体；而是直接分解生成尖晶石相或者层状晶相的锂锰镍固溶体，即250℃即生成正极材料，同时反应体系中还存在草酸锂和碳酸锂。从上述的结果可以得知：在合成正极材料前驱体的过程中，球磨不仅起到了混料的作用，而且使得反应物之间迅速反应。反应物之间的反应速度远大于均匀分散时的速度，因此焙烧后的产物中出现过渡金属分布不均一的现象。随着温度进一步升高至 319℃ 时，2θ 为 17°～19° 之间的衍射峰窄化变强，这说明此范围内特征峰对应的产物相趋于均一，结晶度提高。通过上述的分析得知此类型的产物物相应为尖晶石相。另外，草酸锂的特征峰消失，表明当温度升高至 319℃，草酸锂已完全分解形成碳酸锂。但从 $LiHC_2O_4 \cdot H_2O$ 不同温度分解产物的物相图（见图 4-9）中可以看出在 420℃ 时 $Li_2C_2O_4$ 并未完全分解形成 Li_2CO_3，这或许是由于多种物相并存的混合物体系促使 $Li_2C_2O_4$ 在低温下完全分解。温度在 346℃ 下的产物物相与 319℃ 下的产物物相无很大差别。温度升高至 500℃ 时，2θ 为 17°～19° 之间的衍射峰宽化变弱，而 43°～45° 间的衍射峰变强，且这两个衍射峰的相对强度与低温时有明显的差别。由图 4-8（c）可以看出：焙烧温度不高于 346℃ 时生成产物物相在 64° 衍射峰位置几乎没有变化，焙烧温度为 500℃ 时，此峰偏向高角度。通过物相分析得知 500℃ 的产物为层状结构。另外，从图 4-8（b）可以看出混合物中的 Li_2CO_3 消失，且无 Li_2O 的特征峰，这是由于 Li_2CO_3 在 500℃ 分解后形成的 Li_2O 与低温形成的尖晶石相反应。

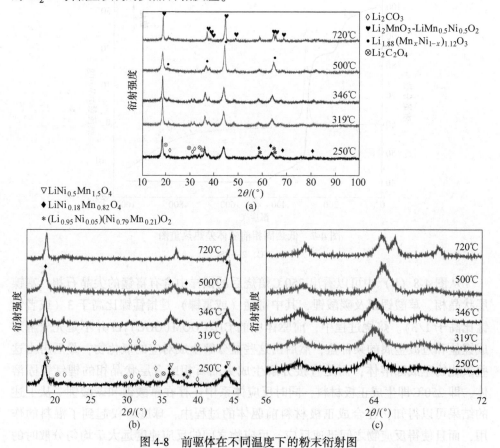

图 4-8　前驱体在不同温度下的粉末衍射图

（a）2θ 在 10°～100° 的图谱；（b），（c）分别为（a）图不同衍射角的放大图

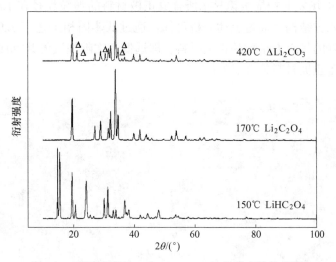

图 4-9 不同温度下 $LiHC_2O_4 \cdot H_2O$ 的分解产物物相图

从图 4-10 中可以看出：720℃和 760℃下保温 15h 制备出材料的衍射峰除位于 20°~25°（2θ）的超晶格峰外，其他衍射峰均属于 $R\bar{3}m$ 空间群，衍射峰（108）/（110）、（006）/（102）明显分裂，这表明材料具有较好的层状结构。实验表明低热固相合成工艺能够较大程度地降低烧成温度，利于材料的烧结。这是由于采用低热固相法制备出的前驱体螯合物在加热过程中发生分解反应，分解后的产物中各金属离子之间均匀混合，缩短了各离子参与固相反应的扩散路径，促进了反应的发生。

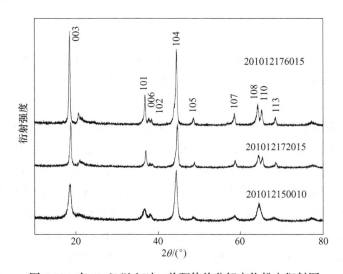

图 4-10 在 500℃以上时，前驱体热分解产物粉末衍射图

　　图 4-11 的场发射扫描电镜显示所合成正极材料的颗粒粒径在 100~300nm 之间，晶粒呈六方结构。通过上述分析可知：通过低热固相工艺于 720℃ 制备出具有结晶度较好的呈六方结构的正极材料，即远低于文献报道的共沉淀法以及其他合成工艺制备正极材料的合成温度。

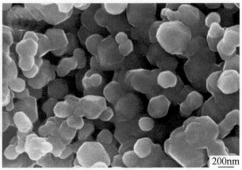

图 4-11　烧成温度为 720℃ 时粉体的场发射扫描电镜图

4.4　本章小结

　　由本章所述内容可得：

　　（1）低热固相合成了 $0.5Li_2MnO_3 \cdot 0.5LiMn_{0.5}Ni_{0.5}O_2$ 正极材料，并对其反应机理进行分析，表明组分间的化学反应为：

$$1.2H_2C_2O_4 \cdot 2H_2O + 1.2LiOH \cdot H_2O + 0.8M(CH_3COO)_2 \cdot 4H_2O \longrightarrow$$
$$0.8CH_3COOM(OOC)_2Li + 0.8CH_3COOH + 0.4LiHC_2O_4 + 8H_2O$$

$$(4-4)$$

其中，$M = Mn，Ni$。

　　球磨过程中生成的 $LiHC_2O_4$ 与过渡金属乙酸盐，在持续的球磨过程中通过局部冷溶熔层迅速扩散到整个反应体系中，并与乙酸盐发生螯合反应，生成螯合物 $CH_3COOM(OOC)_2Li$ 和乙酸。

　　（2）低热固相合成了 $0.5Li_2MnO_3 \cdot 0.5LiMn_{0.5}Ni_{0.5}O_2$ 正极材料前驱体，在焙烧过程中，在低温 250℃ 左右出现了大量的尖晶石相 $LiMn_{1.5}Ni_{0.5}O_4$、$LiMn_{0.82}Ni_{0.18}O_4$、少量的层状相 $(Li_{0.95}Ni_{0.05})(Ni_{0.79}Mn_{0.21})O_2$ 以及锂盐 Li_2CO_3 和 $Li_2C_2O_4$；随着温度升高至 320℃ 左右，层状相逐渐消失，由于固相扩散的进行，尖晶石相结构逐渐趋于均一，$Li_2C_2O_4$ 分解形成碳酸锂；温度为 500℃ 时，碳酸锂分解形成的氧化锂与尖晶石相反应，生成层状材料；温度加热至 720℃，保温时间为 15h 时，合成粒径为 100~300nm 且具有较好六方层状结构的正极材料。

　　（3）低热固相反应原料同时加入并球磨 2h 与先加入草酸和氢氧化锂，再加入其他过渡金属乙酸盐工艺相比具有反应快、周期短、合成的正极材料结构均一，晶粒粒径分布均匀的优点。

参 考 文 献

［1］Yu L, Qiu W, Lian F, et al. Comparative study of layered 0. 65Li［Li$_{1/3}$Mn$_{2/3}$］O$_2$· 0. 35LiMO$_2$ (M=Co, Ni$_{1/2}$Mn$_{1/2}$ and Ni$_{1/3}$Co$_{1/3}$Mn$_{1/3}$) cathode materials ［J］. Mater. Lett. , 2008, 62 (17-18)：3010-3013.

［2］Yu L, Qiu W, Lian F, et al. Understanding the phenomenon of increasing capacity of layered 0. 65Li［Li$_{1/3}$Mn$_{2/3}$］O$_2$· 0. 35Li(Ni$_{1/3}$Co$_{1/3}$Mn$_{1/3}$)O$_2$ ［J］. J. Alloy. Compd. , 2009, 471 (1-2)：317-321.

［3］连芳, 李栋, 仇卫华, 等. 一种改进的低热固相反应制备层状富锂锰镍氧化物的方法 ［P］. 专利号：201110120707. 2.

［4］Li D, Lian F, Qiu W H, et al. Fe content effects on electrochemical properties of 0. 3Li$_2$MnO$_3$· 0. 7LiMn$_x$Ni$_x$Fe$_{(1-2x)/2}$O$_2$ cathode materials ［J］. Adv. Mater. Res. , 2011, 347-353：3518-3521.

［5］Li D, Lian F , Chou K C. Decomposition mechanisms and non-isothermal kinetics of LiHC$_2$O$_4$· H$_2$O ［J］. Rare Metals, 2012, 36 (6)：615-620.

［6］Li D, Lian F, Hou X M, et al. Reaction mechanisms for 0. 5Li$_2$MnO$_3$· 0. 5Li Mn$_{0.5}$Ni$_{0.5}$O$_2$ precursor prepared by low-heating solid state reaction ［J］. Int. J. Miner. Metall. Mater. , 2012, 19 (9)：856-862.

5 低热固相法制备 $0.5Li_2MnO_3 \cdot$ $0.5LiMn_{0.5}Ni_{0.5}O_2$ 正极材料

通过对低热固相制备富锂锰基层状正极材料反应机理的分析得知，原料混合过程中反应生成的螯合物 $CH_3COOM(OOC)_2Li$ 将元素锂和过渡金属构架在同一个分子链上，加热后锂和过渡金属能够达到分子级均匀混合，且由于分解后的过渡金属氧化物和锂的氧化物具有高的反应活性，实验结果表明：当温度加热至720℃，合成了粒径为 $100\sim300nm$，具有较好六方层状结构的富锂锰正极材料[1,2]。

为进一步优化合成的富锂锰基层状正极材料的结构，本章将详细讨论烧成制度与材料的结构、形貌以及材料电化学性能之间的关系。同时，为弥补材料焙烧过程中可能存在的锂挥发，对配锂量进行了系统的研究。富锂锰基层状正极材料的低热固相法工艺过程如图 5-1 所示，将金属乙酸盐、草酸和氢氧化锂按所需化学计量比称量，然后加入行星球磨罐中，球磨 2h。把球磨后的浆状物干燥后，得到材料的前驱体。在450℃下，保温 6h，而后继续加热至终烧温度下，保温若干小时后，得到所需的富锂锰基层状正极材料。

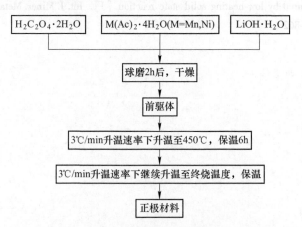

图 5-1　低热固相法制备正极材料的工艺流程

5.1　配锂量对正极材料性能的影响

正极材料的焙烧过程中少量的锂挥发以及实验操作误差使得理论配锂量与合成后正极材料中锂含量有一定的偏差，为得到较精确的设计组分，实验实际配锂的量与理论所需的锂含量，选取 0.95:1、1:1、1.05:1 和 1.1:1 4 种不同的比例，在 850℃ 下保温时间为 15h 制备出的 4 种正极材料编号分别为 20124、20123、20121 和 20125。

从不同配锂量下材料的粉末衍射谱图 5-2 可以看出：4 种正极材料都具有良好的层状相，但当实际配锂量为 0.95:1 和 1:1 时，合成的正极材料中含有尖晶石相成分 $LiMn_2O_4$ 或 $LiNi_{0.5}Mn_{1.5}O_4$，由于这两种尖晶石相衍射峰重叠，难以区分，在分析的过程中统称为尖晶石相组分。当配锂量比为 0.95:1 时，20124 试样中含有明显的尖晶石相；随着配锂量增加至 1:1 时，20123 试样中尖晶石相的衍射峰明显降低。配锂量为 1.05:1 和 1.1:1 时，除了 2θ 为 20°~25° 之间的超晶格衍射峰外，其他衍射峰均属于 $R\bar{3}m$ 空间群。表 5-1 为不同试样晶胞参数的计算结果。20121 和 20125 的 c/a 值均大于 4.9，且衍射峰 (108)/(110)、(006)/(102) 明显分裂，表明合成的正极材料具有良好的层状结构；然而 1.1:1 时在 2θ 为 20°~25° 之间的衍射峰有所增强，这是由于过多的锂量使得材料中形成较多的 Li_2MnO_3。由上述得知：配锂量的增加有利于正极材料层状结构的形成及尖晶石相的消除，但如果配锂量过多，使得组分中出现较多的 Li_2MnO_3，则导致富锂材料首次充放电效率的降低。

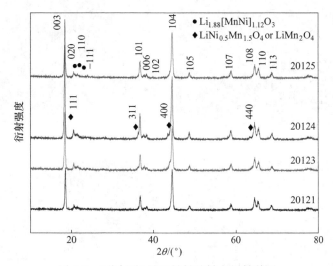

图 5-2　不同配锂量下材料的粉末衍射谱图

表 5-1　试样的实际组成和结构参数

试样编号	空间群	$a/10^{-10}$ m	$b/10^{-10}$ m	$c/10^{-10}$ m	c/a	$V/10^{-30}$ m³
20121	$R\bar{3}m$	2.8616	2.8616	14.2783	4.989621	101.26
20125	$R\bar{3}m$	2.8631	2.8631	14.28044	4.987755	101.38

图 5-3 为不同配锂量时材料的形貌，由图可知 20123 试样的结晶度较差，晶粒细小，晶粒边缘模糊，含立方和六方两种不同形貌的晶粒。20121 和 20125 的晶粒边缘清晰，具有六方形的晶粒形貌，且发育较完整。通过材料物相和形貌分析可以得知：当采用实际配锂量为 1.05:1 时，合成具有较好层状结构，且晶粒发育成较完整的正极材料。

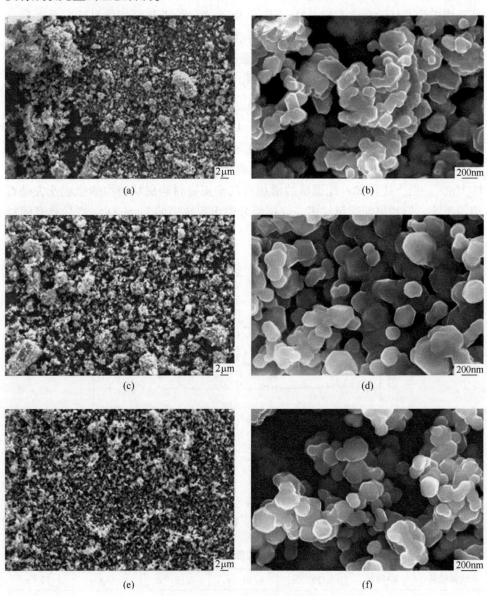

图 5-3　不同配锂量时材料的形貌

(a), (b) 20123；(c), (d) 20121；(e), (f) 20125

为测试不同配锂量对合成正极材料电化学性能的影响，将正极材料与金属锂片组装成扣式半电池，采用恒流-恒压（CCCV）充电，恒流（CC）放电，电压范围为2.5~4.7V。从充放电循环图5-4可以看出：当配锂量为0.95∶1和1∶1时，材料具有良好的循环性能，但在循环前期会出现容量上升的现象。这种现象的起因是由于材料中各组分没有充分固溶，随着循环的进行，锂离子在正极材料中脱嵌，使得正极材料结构逐渐稳定。这一点从合成正极材料的 XRD 衍射图5-2中可以看出：当配锂量较低（0.95∶1，1∶1）时，材料的物相中不仅含有尖晶石相，而且在 2θ 为20°~25°之间同时出现了超晶格衍射峰。

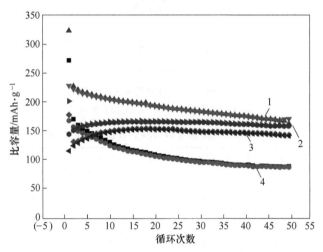

图5-4 不同配锂量正极材料与金属锂组装成的半电池循环性能（2.5~4.7V）

1—1.05∶1；2—0.95∶1；3—1∶1；4—1.1∶1

当配锂量为1.05∶1时，材料的充放电比容量达到最高值，具有良好的循环性能，且在循环的过程中没有出现类似低配锂量时容量上升的现象。继续加大配锂量至1.1∶1时，材料的比容量和循环性能均差于其他配锂时所形成的材料。这或许是由于过多的锂在焙烧过程中未能进入材料的晶格中，而是在材料的表面形成少量氧化锂并进一步反应生成碳酸锂。碳酸锂在电池的充放电过程中使得电池阻抗增大[3]，从而引起电池较大的极化和较差的循环性能。从图5-5材料的首次充放电曲线图中可以看出：与配锂量1.05∶1的材料相比，配锂量为1.1∶1的材料在首次充放电过程中存在较大的极化，且放电曲线近似为一斜率较大的直线，即具有较大的阻抗值。电池首次充放电测试数据如表5-2所示，配锂量为1.1∶1的首次不可逆容量最高，为103.4mAh/g；首次可逆效率最低，为61.9%。综上可知：当配锂量为1.05∶1时，材料具有较高的放电比容量和良好的循环性能，配锂量为0.95∶1时次之，配锂量为1.1∶1的材料电化学性能最差。

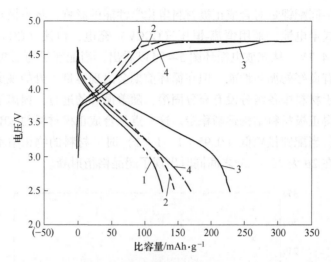

图 5-5 不同配锂量正极材料与金属锂组装成的半电池首次充放电曲线

1—1∶1；2—0.95∶1；3—1.05∶1；4—1.1∶1

表 5-2 不同配锂正极材料的首次充放电性能

试样	首次循环充电容量/mAh·g⁻¹		首次循环放电容量/mAh·g⁻¹	初始不可逆容量/mAh·g⁻¹	初始循环效率/%
	A(<4.5V)	B(>4.5V)			
20124	122.3	79.1	144.7	56.7	71.8
20123	92.8	84.9	116	61.7	65.3
20121	279	43	227.8	94.2	70.7
20125	144.4	127	168	103.4	61.9

5.2 烧成工艺的优化

5.2.1 烧成温度对材料结构和电化学性能的影响

材料合成的温度对材料性能有着重要的影响，由阿累尼乌斯公式 $k = A \cdot \exp[-E/(RT)]$ 可知：随着温度的升高，反应速率增大，即温度升高有利于前驱体反应的进行；另外由于富锂锰基正极材料可以看成是不同金属氧化物的固溶体，在材料合成的后期，各离子的扩散速率对材料的固溶程度有着直接影响，而扩散系数的大小与温度有着密切的关系。为分析不同合成温度下材料的结构、形貌和粒径大小，实验中对在不同合成温度下合成的正极材料进行了 X 衍射和场发射扫描分析。

图 5-6 为不同温度下合成正极材料的衍射图谱，除由 Li/Mn 在过渡金属层排列引起的 20°~24°超晶格衍射峰外，其他衍射峰均属于 $R\bar{3}m$ 空间群。图 5-7（a）

表明：在800℃以下时，在20.6°附近仅有单一宽化的超晶格衍射峰，这是由于低温合成的正极材料中，在垂直于（001）方向上层错的增加引起的。从热力学的分析角度得知：材料中层错的存在提高了材料的能态，从而降低了材料中锂离子扩散的能垒，利于锂离子在低电压下脱出，减小正极材料的极化[4]。随着温度的升高，超晶格衍射峰的分裂更加明显；当温度在800~900℃之间时，图5-7（b）中材料衍射峰的位置没有明显变化，但衍射峰变得更加尖锐，衍射峰（006）/（102）分裂也更加明显，这表明此温度范围内的晶粒发育更加完整并形成了良好的层状结构。当温度升高至950℃时，其衍射峰的强度和形貌没有明显变化，但衍射峰的位置则明显向低角度偏移。另外，在纯相Li$_2$MnO$_3$的研究中发现当温度从600℃升高到900℃时，颗粒的平均粒径从110nm增加到390nm，随着温度进一步升高至1000℃时，材料的粒径剧增到650nm，而比表面则从600℃的10.7m^2/g减小到2.2m^2/g[5]。由于在合成的富锂材料中有少量的Li$_2$MnO$_3$相，合成为950℃时可能会引起晶粒的异常长大，从而导致材料比容量的降低和倍率性能的恶化。

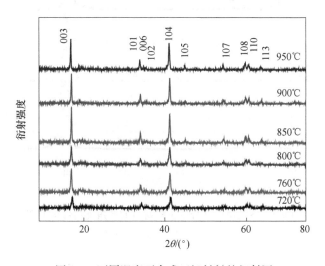

图5-6 不同温度下合成正极材料的衍射图

图5-8（a）、（c）、（e）、（g）可以看出随着温度的升高，晶界越明显，结晶性能也越好。与图5-8（a）、（c）相比，图5-8（e）、（g）中的晶粒粒径分布不均匀，个别晶粒异常长大的现象较明显，图5-8（g）更为明显。从图5-8（b）、（d）、（f）、（h）中可以看出晶粒的粒径呈线性增长趋势，800℃、850℃、900℃以及950℃下合成的材料粒径分别分布在50~120nm、80~140nm、100~250nm和100~320nm之间。在正极材料的充放电过程中，晶粒粒径的大小直接影响着锂离子扩散路径的大小。如果温度过高，晶粒将进一步长大，导致材料的充放电过

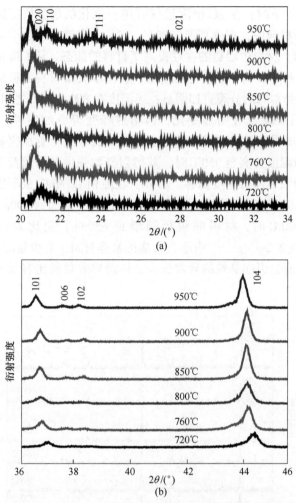

图 5-7　不同温度下合成正极材料的低角度局部衍射图

(a) 20°~34°; (b) 36°~46°

程中锂离子的扩散路径增大, 使得材料的离子电导率下降, 从而影响了材料的倍率性能。从图 5-8 (c) 中可以看出, 合成温度为 850℃时合成的材料具有明显的晶界且粒径分布较均匀。

由图 5-9 可以看出随着温度的升高, 正极材料的放电比容量先升高后降低, 当合成温度为 850℃时, 达到最高值 227.8mAh/g。由于 800℃下合成正极材料的结晶性能较差 (见图 5-8 (b)), 锂离子在脱嵌的过程中受到较大的阻力, 导致其低的电导率, 从放电曲线图中可以看出: 800℃下合成的正极材料在充放电过程中均具有较大的极化现象。从表 5-3 中得知: 放电过程中, 恒流充电电压高于4.5V 后的充电比容量随着正极材料合成温度的升高呈线性减少的趋势, 恒压充电

图 5-8　不同温度下合成材料的颗粒和晶粒形貌图

(a), (b) 800℃；(c), (d) 850℃；(e), (f) 900℃；(g), (h) 950℃

比容量和首次不可逆容量也表现出同样的变化趋势（950℃合成的正极材料除外），而其首次库仑效率则呈线性增加的相反趋势。这表明：富锂材料首次不可逆容量的大小主要取决于充电电压高于 4.5V 后的容量值。

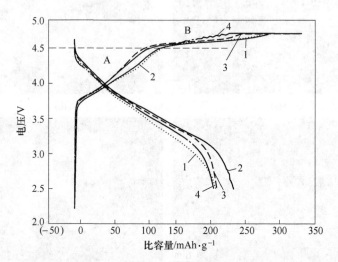

图 5-9　不同合成温度下正极材料的首次充放电曲线

1—800℃；2—850℃；3—900℃；4—950℃

表 5-3　不同温度合成正极材料的首次电化学性能

温度/℃	首次恒流充电容量/mAh · g⁻¹		首次恒压充电容量/mAh · g⁻¹	第 1 次循环放电容量/mAh · g⁻¹	初始不可逆转容量/mAh · g⁻¹	初始循环效率/%
	A(<4.5V)	B(>4.5V)				
800	112.9	158	55	203.3	122.6	62.4
850	128.2	151	43	227.8	94.4	70.7
900	105.3	133.6	37.9	203.6	72.4	73.6
950	130.8	89.9	104.4	199.6	125.5	61.4

图 5-10 中所示：800℃下合成正极材料的循环性能最差，这可能是由于材料的锂离子电导率较低引起的；850℃和 900℃合成正极材料的循环性能较优。当温度升高到 950℃，材料的循环性能恶化，这或许是由于材料晶粒平均尺寸较大从而增加了锂离子在脱嵌过程中的扩散路径；另外，富锂正极材料在首次充电过程中其反应动力学条件远比第二次后续充电过程的电化学反应苛刻[6]，在首次的充电活化的过程中，材料内部受到不均匀的微观应力使得材料表面晶格出现微裂纹以及晶格的扭曲[7]。图 5-8（h）中可以看出 950℃下合成的正极材料晶粒尺寸相差较大，使得晶粒容易出现异常长大，从而增加了材料内部的微观应力，在充

电过程中加剧了材料晶格的扭曲，破坏了材料结构的稳定性，使得950℃下合成正极材料的循环性能恶化。从表5-4得知：950℃下合成正极材料在20次循环之后由首次199.6mAh/g的放电容量衰减为161.7mAh/g，其容量保持率为81%；850℃和900℃下合成正极材料在20次循环后的放电比容量分别为192.6mAh/g和177.6mAh/g，其容量保持率则分别为84.5%和87.2%；50次循环后，850℃和900℃下合成材料的放电比容量分别为170.2mAh/g和151.8mAh/g，容量保持率分别为74.7%和74.6%。

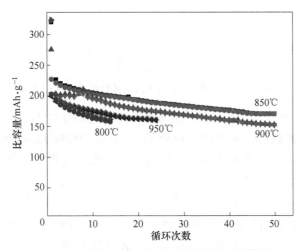

图5-10　不同温度下合成正极材料循环性能图

表5-4　不同温度下合成正极材料的循环比容量

温度/℃	首次充电容量 /mAh·g⁻¹	首次放电容量 /mAh·g⁻¹	第2次循环充电容量 /mAh·g⁻¹	第2次循环放电容量 /mAh·g⁻¹	第20次循环充电容量 /mAh·g⁻¹	第20次循环放电容量 /mAh·g⁻¹	第50次循环充电容量 /mAh·g⁻¹	第50次循环放电容量 /mAh·g⁻¹
800	325.9	203.3	202.7	194	—	—	—	—
850	322.2	227.8	227.1	221.7	193.9	192.6	170.3	170.2
900	276.8	203.6	203.9	200.5	178.9	177.6	152.8	151.8
950	325.1	199.6	196.3	191.3	162.9	161.7	—	—

　　不同合成温度下制备出的正极材料放电时的中值电压如图5-11所示。900℃和950℃制备正极材料的放电中值电压基本接近，其值略高于850℃时合成的正极材料的放电中值电压；随着循环的进行，不同温度下合成正极材料的中值电压不断下降，但900℃和950℃下制备的正极材料下降较快。由于材料的中值电压是衡量正极材料比能量高低的一个指标，对正极材料的使用有着重要的作用。通过材料充放电过程中的容量微分对中值电压的变化进行了详细分析。

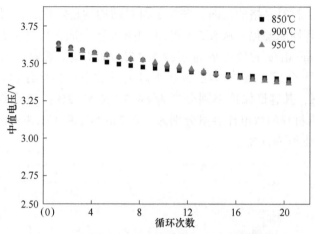

图 5-11　不同温度下合成材料循环过程中的中值电压

图 5-12 所示为不同合成温度下制备出的正极材料在 0.1C 条件下循环不同次数后的容量微分曲线图。从图中可以看出，850℃、900℃以及 950℃下合成正极材料的首次循环容量微分曲线图基本相同。首次充电过程中，除在高于 4.5V 的氧化峰外，在 3.82V 和 4.1V 左右分别出现两个氧化峰，这是由于结构中 Ni^{2+} 所处的位置不同引起的。低压 3.82V 时为层状 LiMO$_2$ 中 Ni 的氧化，高压 4.1V 左右的峰是由于类 Li$_2$MnO$_3$ 结构中的 Ni 氧化引起的[8]。另外，三种不同温度下合成的正极材料的微分曲线图中均出现与 Mn^{4+}/Mn^{3+} 相对应（低于 3.5V）的氧化还原过程。随着充放电循环的进行，3.37V 左右的还原峰不断向低电压偏移。Johnson 等人[9]在富锂材料的研究中发现，随着充放电循环的进行，材料由原来的层状结构形成了层状-尖晶石共存的结构；且随着循环次数的增加，尖晶石相的含量也在增加。从图 5-12 中可以看到镍的还原峰逐渐变小，这表明放电容量降低的部分是由镍提供容量的减少引起的；同时，材料的氧化峰逐渐向高电压转移，这或许是由于材料结构局部的变化和无序增大了锂离子脱嵌的阻力，从而增大材料充放电过程中的极化。当合成温度为 950℃时，充电电压高于 4.5V 的曲线峰强远低于 850℃和 900℃下合成的正极材料，这从表 5-4 中恒流充电容量也可以看出，850℃和 900℃时的充电比容量分别为 151mAh/g 和 133.6mAh/g，而 950℃的充电比容量则为 89.9mAh/g。

5.2.2　烧成气氛对材料性能的影响

通过低热反应的机理分析得知：低热固相法合成的正极材料前驱体中含有 CH$_3$COOM(OOC)$_2$Li、LiHC$_2$O$_4$ 以及残留的 CH$_3$COOH 三种组分，在焙烧的过程中存在着大量有机物和其他物质的分解与挥发，因此焙烧气氛对上述反应进行的过程有着重要的影响；另外，由于正极材料中含有大量的过渡金属离子，而过渡

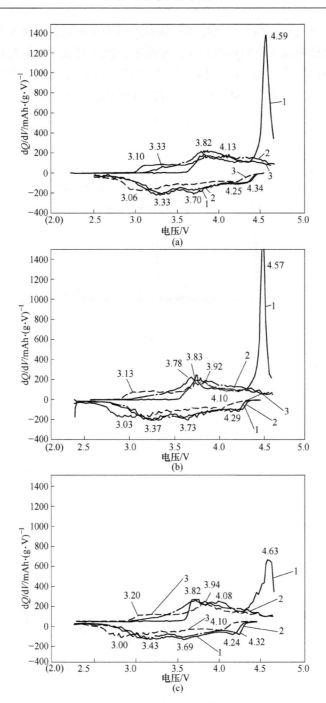

图 5-12 不同合成温度下材料在首次、第 2 次以及第 20 次循环的容量微分曲线图

(a) 850℃；(b) 900℃；(c) 950℃

1—首次循环；2—第 2 次循环；3—第 20 次循环

金属离子在正极材料中存在的氧化还原状态也可能受到焙烧气氛的影响。书中采用与 20121 试样相同的前驱体组分和焙烧温度,但采用氧气气氛对材料进行了焙烧,制备出的试样为 20121-O_2。图 5-13 为两种不同焙烧气氛下合成的正极材料衍射图谱。表 5-5 为两种气氛下合成正极材料的晶胞参数。

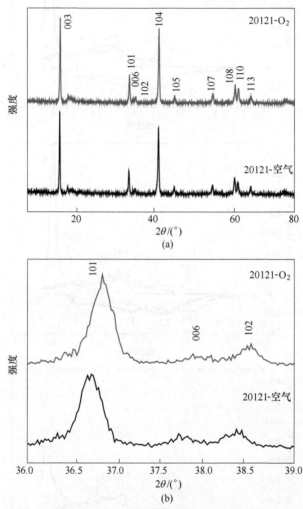

图 5-13　氧气和空气气氛下合成正极材料的粉末衍射图
(a) $10° \sim 80°$;(b) $36° \sim 39°$

表 5-5　两种气氛下合成正极材料的晶胞参数

试样	空间群	$a/10^{-10}$ m	$b/10^{-10}$ m	$c/10^{-10}$ m	c/a	$V/10^{-30}$ m^3
20121-空气	$R\bar{3}m$	2.8635	2.8635	14.2753	4.9853	101.37
20121-O_2	$R\bar{3}m$	2.8610	2.8610	14.2553	4.9826	101.05

图 5-13 的衍射图谱中，除 20°～24°超晶格衍射峰外，其他衍射峰均属于 $R\bar{3}m$ 空间群。从图中可以看出 (006)/(102) 和 (108)/(110) 衍射峰明显分裂，从晶胞参数的计算结果（见表 5-5）可以看出不同气氛下合成的正极材料 c/a 值均大于 4.899，这说明在两种不同焙烧气氛下合成的正极材料都具有良好的层状结构。

为测试两种不同焙烧环境中合成材料的电化学性能，以 0.1C 倍率，在 2.5～4.7V 的电压范围内，进行充放电性能测试，测试结果如图 5-14 和表 5-6 所示。从表 5-6 中得知：在通氧环境下焙烧制备的正极材料具有较高的首次可逆效率和较高的首次放电比容量。随着循环的进行，在通氧气氛下合成的正极材料衰减速率高于在空气气氛下焙烧制备的正极材料 20121，当充放电循环进行到第 23 次时，20121 和 20121-O_2 的容量保持率分别为 82.9% 和 75%。

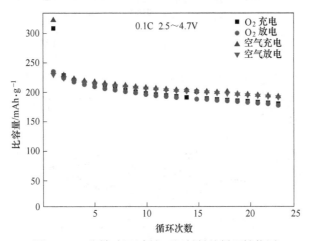

图 5-14 不同气氛下合成正极材料的循环性能图

表 5-6 不同焙烧环境中合成正极材料的电化学性能

试样	首次恒流充电容量/mAh·g^{-1}		首次恒压充电容量/mAh·g^{-1}	首次循环放电容量/mAh·g^{-1}	初始循环效率/%	循环 23 次后的容量保持率/%
	A（<4.5V）	B（>4.5V）				
20121-空气	128.2	151	43	227.8	70.7	82.9
20121-O_2	120.9	143.7	42.9	233	75.7	75

注：容量保持率是指占首次放电比容量值的百分比。

图 5-15 所示为在不同烧成气氛下制备出的正极材料在 0.1C 条件下循环不同次数后的容量微分曲线图。从图 5-15 中可以看出，两种不同气氛下合成的正极材料具有相同的微分曲线形貌。在首次充电过程中，容量微分曲线中存在 3 个氧化峰，分别位于 3.82V、4.13V 以及 4.57V 左右，低于 4.4V 以下的两个氧化峰对应两种不同结构中 Ni^{2+} 的氧化；而 4.57V 左右的氧化峰是由 Li$_2$MnO$_3$ 相的活化，过渡金属层中锂离子和材料表面晶格中氧的脱出引起的，但 20121-O_2 充电

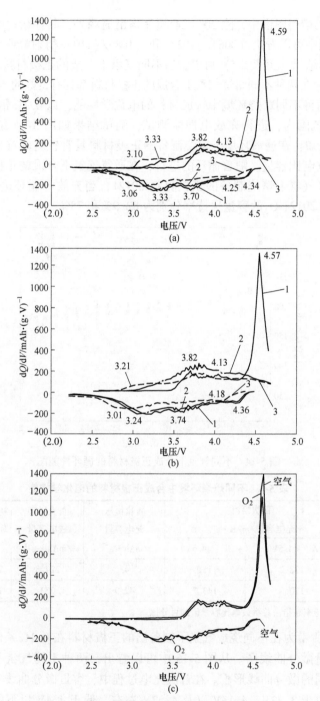

图 5-15　不同焙烧环境中合成正极材料的容量微分曲线（0.1C，2.5~4.7V）

(a) 20121-空气；(b) 20121-O$_2$；(c) 空气-O$_2$

1—首次循环；2—第 2 次循环；3—第 20 次循环

电压高于 4.5V 时的氧化峰峰强略低于 20121-空气，这对富锂材料首次可逆效率的提高有着积极的作用，从材料的充放电循环曲线图中也可以得到体现。当充放电循环至第 20 次时，Mn 离子的还原峰则变得更强，尖晶石的特征更加明显，材料的结构由层状结构变成了尖晶石-层状共存的结构特征。

综上述分析可知：空气气氛下焙烧的正极材料具有较好的循环性能和高的充放电比容量，而氧气气氛焙烧后的正极材料则具有较高的首次可逆效率。

5.2.3 保温时间对材料性能的影响

由于晶粒生长与材料的性能密切相关，在材料的烧结过程中，合理地控制晶粒尺寸特别重要。晶粒均匀长大伴随焙烧中、后期传质过程发生，其驱动力是界面曲率造成的压力差。晶粒直径 D 与时间 t 的关系如下：

$$D^2 - D_0^2 = ct \tag{5-1}$$

式中 D_0——初始晶粒直径；

　　　c——常数。

当晶粒长大的后期，由于 D 远大于 D_0，式（5-1）可以近似用式（5-2）表示：

$$D^2 = ct \tag{5-2}$$

或

$$D = c_1 t^{1/2} \tag{5-3}$$

文献研究表明：氧化物材料晶粒生长的时间指数在 $1/2 \sim 1/3$。本书中详细论述了保温时间对材料性能的影响。

粉末衍射图（见图 5-16）中所示：除了由 LiM_6 阳离子超晶格有序排列引起

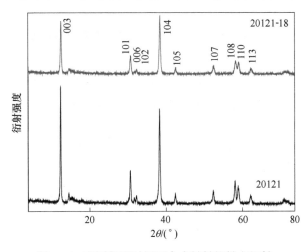

图 5-16 不同保温时间下合成材料的粉末衍射

的 20°~25° 超晶格峰外，其他衍射峰均属于 $R\bar{3}m$ 空间群。从衍射峰中可以看出：(006)/(102) 和 (108)/(110) 衍射峰均发生明显分裂，且样品的 c/a 值均大于 4.899（见表 5-7），这表明在保温时间为 15h 和 18h 时都合成了具有良好层状结构的正极材料。

表 5-7　不同保温时间合成正极材料的晶胞参数

样品	空间群	$a/10^{-10}$ m	$b/10^{-10}$ m	$c/10^{-10}$ m	c/a	$V/10^{-30}$ m³
20121	$R\bar{3}m$	2.8635	2.8635	14.2753	4.9853	101.37
20121-18	$R\bar{3}m$	2.8625	2.8625	14.2475	4.9773	101.1

图 5-17（a）与图 5-17（b）的晶粒相比，其平均晶粒尺寸相差不大。据经验公式（5-3）知：当晶粒长大的后期，晶粒的直径应该随着保温时间的延长而有所增加。实际上，晶体生长速率受保温温度的很大影响。

(a) 　　　　　　　　　　　　　　　　　　(b)

图 5-17　不同保温时间下合成的正极材料形貌图
(a) 20121；(b) 20121-18

晶核形成后，在一定过冷度的条件下，晶体生长速率取决于原子从熔体向晶核界面扩散和反方向扩散之差。液相向晶相跃迁速率为：

$$\frac{dn_{1-c}}{dt} = f \cdot s \cdot v_0 \cdot \exp\left(-\frac{E}{k_B T}\right) \tag{5-4}$$

晶相到液相的跃迁速率表示为：

$$\frac{dn_{c-1}}{dt} = f \cdot s \cdot v_0 \cdot \exp\left(-\frac{V\Delta g_v + E}{k_B T}\right) \tag{5-5}$$

$$V\Delta g_v = G_1 - G_c \tag{5-6}$$

则液相到晶相中的净跃迁速率为：

$$\frac{\mathrm{d}n}{\mathrm{d}t} = \left(\frac{\mathrm{d}n_{1-c}}{\mathrm{d}t} - \frac{\mathrm{d}n_{c-1}}{\mathrm{d}t}\right) = f \cdot s \cdot v_0 \cdot \exp\left(-\frac{E}{k_B T}\right)\left[1 - \exp\left(-\frac{V\Delta g_v}{k_B T}\right)\right] \quad (5\text{-}7)$$

而晶体线性生长速率 U 等于单位时间跃迁的原子数目与原子间距 λ 的乘积，再除以界面原子数，其数学表达式为：

$$U = \frac{\mathrm{d}n}{\mathrm{d}t} \cdot \frac{\lambda}{s} \quad (5\text{-}8)$$

将式（5-7）代入方程（5-8）得：

$$U = f \cdot \lambda \cdot v_0 \cdot \exp\left(-\frac{E}{k_B T}\right)\left[1 - \exp\left(-\frac{V\Delta g_v}{k_B T}\right)\right] \quad (5\text{-}9)$$

式中　f——晶体界面上原子位置的有效占位分数；

λ——原子间距；

s——界面原子数；

v_0——原子迁跃频率；

E——一个原子从液体经过界面跃迁到晶核所需克服的势垒；

k_B——玻耳兹曼常数；

G_1，G_c——分别为界面一侧中一个原子的自由焓，晶核一侧中原子的自由焓。

由式（5-9）可知：若温度在熔点时，$\Delta g_v = 0$，$U = 0$；随着过冷度的增加，Δg_v 增加，晶体生长速率 U 也增加。过冷度增大时，黏度剧增，原子向晶体跃迁所克服的势垒随之变大，在式（5-9）的右侧 $\exp\left(-\dfrac{E}{k_B T}\right)$ 起主要作用，U 开始下降。因此随着过冷度的增加，晶体生长速率先增大后下降。

在正极材料的焙烧过程中，当温度为 850℃ 时，具有较高的过冷度，晶体的生长速率较小，材料结构的变化以晶体形核为主，由于晶体形核速率远大于其生长速率，此时材料的晶粒尺寸小而均匀。随着保温时间的增长，材料的晶粒生长并不明显，而是在材料内部形成了大量的晶核，因此图 5-17 中不同保温时间合成的正极材料具有大致相同的晶粒尺寸。

为测试不同合成温度下，合成正极材料的电化学性能，在 2.5~4.7V，以 0.1C 倍率进行充放电测试。图 5-18 为材料的充放电循环图，20121-18 试样的首次放电容量略低于 20121 试样，但首次可逆效率则远低于 20121 试样。在图 5-19 中可以看出 20121-18 试样在 4.5V 以下其充电容量比比 20121 试样的充电容量比约小 20mAh/g，但其充电比容量为 336.4mAh/g，高于 20121 试样的充电容量比（322.2mAh/g，见表 5-8），另外首次放电曲线表明 20121-18 试样放电过程中存在着较大极化现象。

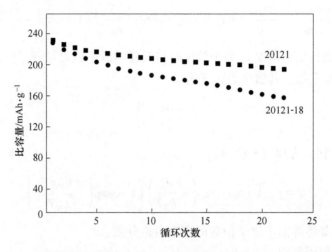

图 5-18　不同保温时间合成正极材料的循环性能（0.1C，2.5~4.7V）

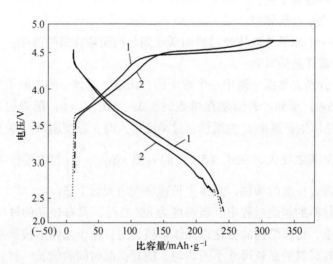

图 5-19　不同保温时间合成正极首次充放电曲线（0.1C，2.5~4.7V）

1—20121-18；2—20121

表 5-8　不同保温时间制备的材料电化学性能

样品	首次循环充电容量 /mAh·g^{-1}	首次循环放电容量 /mAh·g^{-1}	初始循环效率/%	第20次循环容量保持率[①]/%
20121	322.2	227.8	70.7	83.5
20121-18	336.4	224.7	66.8	68.1

① 容量保持率是指占首次放电比容量的百分比。

5.2.4 回火处理对合成材料性能的影响

在材料的合成中，由于低热固相反应时不同的添加顺序合成的正极材料201093固熔度较低，结构上存在不均一的缺陷。书中以201093试样为研究基础进行了回火处理，回火温度为600℃，保温时间2h，回火后的试样记为201093h，同时分析回火对材料结构和性能的影响。

由图5-20粉末的衍射所示，回火前后试样的衍射峰中除由Li/Mn在过渡金属层排列引起的20°~24°超晶格衍射峰外，其他衍射峰均属于$R\bar{3}m$空间群；且衍射峰（006）/（102）和（108）/（110）明显分裂，这说明材料形成了良好的层状结构。图5-21表明试样在回火后晶粒出现一定程度的团聚，其形貌和粒径尺寸变化并不明显。

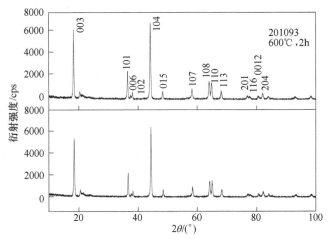

图5-20　回火后试样与未回火试样的衍射谱

(a)　　　　　　　　　　　　　　(b)

图5-21　201093回火后试样与未回火试样的形貌图

（a）未回火；（b）回火

从图 5-22 中可以看出在首次放电时，回火后的材料与未回火的材料具有相同的放电容量。但随着循环进行，这两种材料的放电比容量皆出现明显的衰减，回火后的试样其衰减速度快于未回火的试样。这可能是由于回火后晶粒大量团聚，使得锂离子在脱嵌过程中的阻力增大，随着循环的进行，阻抗也在逐渐增大，当循环进行到 10 次左右时，材料的阻抗值变化减小且在充放电过程中材料的结构趋于稳定，容量衰减减缓。

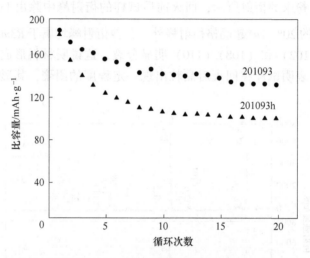

图 5-22　201093 试样回火与未回火材料的循环性能图 (0.1C，2.5~4.7V)

5.3　本章小结

由本章内容可知：

（1）配锂量为 1∶1 时，合成的正极材料中明显含有第二相尖晶石组分；当配锂量为 1.05∶1 和 1.1∶1 时，合成的正极材料具有较好的单相层状结构。但当配锂量为 1.1∶1 时，颗粒出现明显的细化，由 1.05∶1 的球形颗粒形貌变成絮状的颗粒形貌。

（2）在氧气和空气环境下焙烧后的材料都具有良好的层状结构，空气气氛下焙烧的正极材料具有较好的循环性能和高的充放电比容量，而氧气气氛焙烧后的正极材料则具有较高的首次可逆效率。

（3）在 850℃下保温 15h 和 18h 后，合成了结构良好的层状正极材料，保温时间为 18h 合成的正极材料晶粒团聚较为明显，首次充放电过程中存在着较大的极化现象，其首次可逆效率和容量保持率均低于保温时间为 15h 的正极材料。材料的回火处理对材料的结构和形貌影响不是特别明显，回火后的材料与未回火的材料具有几乎相同的首次放电比容量，但其循环性能低于未回火的材料。

　　(4) 材料优化后的合成工艺为：将所需原料同时加入球磨罐中，球磨 2h 后进行干燥，制备出正极材料的前驱体；其中配锂量为理论量的 1.05 倍；然后将材料的前驱体在空气气氛下，以 3℃/min 加热至 450℃保温 6h，然后继续以同样的加热速度加热至 850℃保温 15h 合成出具有良好层状结构正极材料。

参 考 文 献

[1] Li D, Lian F, Hou X M, et al. Reaction mechanisms for $0.5Li_2MnO_3 \cdot 0.5Li Mn_{0.5}Ni_{0.5}O_2$ precursor prepared by low-heating solid state reaction [J]. Int. J. Miner. Metall. Mater. , 2012, 19 (9): 856-862.

[2] 连芳, 李栋, 仇卫华, 等. 一种改进的低热固相反应制备层状富锂锰镍氧化物的方法 [P]. 专利号: 201110120707. 2.

[3] Wang Z, Liu E, He C, et al. Effect of amorphous $FePO_4$ coating on structure and electrochemical performance of $Li_{1.2}Ni_{0.13}Co_{0.13}Mn_{0.54}O_2$ as cathode material for Li-ion batteries [J]. J. Power Sources, 2013, 236: 25-32.

[4] Bréger J, Jiang M, Dupre N, et al. High-resolution X-ray diffraction, diffax, nmr and first principles study of disorder in the Li_2MnO_3-Li $Mn_{1/2}Ni_{1/2}O_2$ solid solution [J]. J. Solid State Chem. , 2005, 178: 2575-2585.

[5] Yu D Y W, Yangida K, Kato Y, et al. Electrochemical activities in Li_2MnO_3 [J]. J. Electrochem. Soc. , 2009, 156 (6): 8.

[6] Wei Y J, Nikolowski K, Zhan S Y, et al. Electrochemical kinetics and cycling performance of nano Li[$Li_{0.23}Co_{0.3}Mn_{0.47}$]$O_2$ cathode material for lithium ion batteries [J]. Electrochem. Commun. , 2009, 11 (10): 2008-2011.

[7] Ito A, Li D, Sato Y, et al. Cyclic deterioration and its improvement for li-rich layered cathode material Li[$Ni_{0.17}Li_{0.2}Co_{0.07}Mn_{0.56}$]$O_2$ [J]. J. Power Sources, 2010, 195 (2): 567-573.

[8] Kang S H, Kempgens P, Greenbaum S, et al. Interpreting the structural and electrochemical complexity of $0.5Li_2MnO_3 \cdot 0.5LiMO_2$ electrodes for lithium batteries ($M = Mn_{0.5-x}Ni_{0.5-x}O_2$, $0 \leqslant x \leqslant 0.5$) [J]. J. Mater. Chem. , 2007, 17 (20): 2069-2077.

[9] Johnson C S, Li N, Lefief C, et al. Synthesis, characterization and electrochemistry of lithium battery electrodes: $xLi_2MnO_3 \cdot (1-x)LiNi_{0.333}Mn_{0.333}Co_{0.333}O_2 (0<x<0.7)$ [J]. Chem. Mat. , 2008, 20: 6095-6106.

6   富锂锰基层状正极材料的掺杂改性

元素掺杂改性能够有效改变材料中离子的占位、缺陷的数量及分布以及金属-氧的配位结构等，一定程度上能够抑制晶格氧脱出，改善材料的循环、倍率以及热稳定性能等。本书分别选用与富锂锰基层状材料中的镍元素同为ⅧB族的Fe、Co元素进行过渡金属位的掺杂，由于离子半径与替代位过渡金属离子的半径相差不大，不会引起基体材料大的结构畸变、破坏材料的结构稳定性。同时，Fe储量丰富，价格低廉，用于富锂锰基正极材料中能够大幅降低材料的生产成本，便于大规模生产。而Co元素的作用，在$LiCo_xM_{1-x}O_2$（M为掺杂元素）材料的掺杂过程中发现，Co元素能够提升材料的导电性能，有效降低Li/Ni混排量，从而提高其放电比容量，改善材料的倍率和循环性能。本章分别介绍选用Fe和Co两种元素对$0.5Li_2MnO_3 \cdot 0.5LiMn_{0.5}Ni_{0.5}O_2$进行的掺杂结果。

6.1 $0.5Li_2MnO_3 \cdot 0.5LiMn_{0.5}Ni_{0.5}O_2$正极材料的 Fe 掺杂

为改善$0.5Li_2MnO_3 \cdot 0.5LiMn_{0.5}Ni_{0.5}O_2$材料的电化学性能，试验中选用Fe[1]元素对正极材料进行了掺杂研究，合成铁掺杂正极材料的工艺过程如图6-1所示。

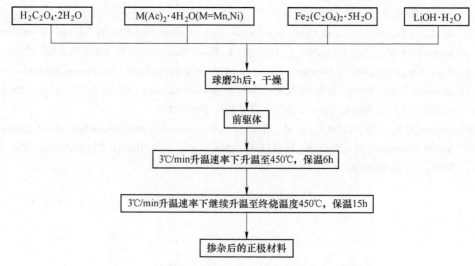

图 6-1   铁掺杂正极材料低热固相合成工艺流程图

6.1.1   Fe 掺杂 0.5Li$_2$MnO$_3$ · 0.5LiMn$_{0.5}$Ni$_{0.5}$O$_2$的合成动力学

热分析是在设定的程序温度下，测量材料物理性质与温度关系的一种技术。热分析动力学是应用热分析技术研究物质的物理变化和化学反应的速率和机理的一种方法，从而获得该反应体系的动力学参数和机理函数[2,3]。

本章采用非等温的方法[4~7]，在线性升温的条件下对固体物质的反应动力学进行了研究。目前常用的热分析方法分为单升温速率法和多重扫描速率法两种[8,9]。由于多重扫描速率方法在不使用动力学机理函数的条件下，可以计算出动力学参数，所以也被称无模型函数法[10]，常用的有 FWO 法和 Kissinger 法，为了求解动力学机理函数，在结合这两种函数的基础上，采用了 Freidman[11,12] 方法。用 NETZSCH STA 449 C 热分析仪在 5℃/min、10℃/min、15℃/min、20℃/min和30℃/min 的升温速率下对试样从室温加热到900℃进行了检测（见图 6-2~图 6-4）。

图 6-2 表明 300~500℃的失重率为 36.15%，在整个焙烧的过程中占有着重要的作用。试验中对这个温度段的化学反应进行了动力学分析和化学反应机理的推测。

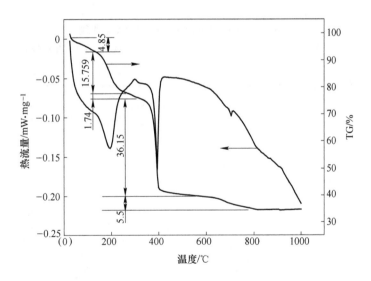

图 6-2   5℃/min 升温速率下的差热热重曲线

6.1.1.1   Flynn-Wall-Ozawa 法

如公式（6-1）所示，在不同的升温速率 $G(\alpha)$ 相同时，lgβ 是一定值，通过

$\dfrac{1}{T}$ 作图可以求出不同反应的活化能。式（6-1）的使用范围为 $E_a \geqslant 20 \text{kJ/mol}$。

$$\lg \beta = \lg \dfrac{AE_a}{RG(\alpha)} - 2.315 - 0.4567 - \dfrac{E_a}{RT} \tag{6-1}$$

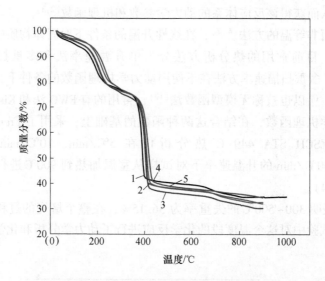

图 6-3　不同升温速率下试样的失重曲线

1—5℃/min；2—10℃/min；3—15℃/min；4—20℃/min；5—30℃/min

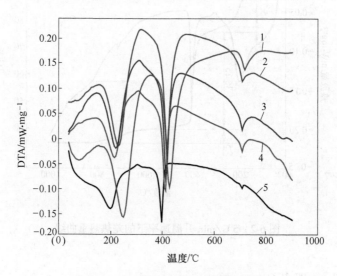

图 6-4　不同升温速率下的差热曲线

1—30℃/min；2—20℃/min；3—15℃/min；4—10℃/min；5—5℃/min

从图 6-5 中可以看出随着转化率的增加，表观活化能有降低的趋势。具体数值见表 6-1。当转化率为 10%和 90%时，计算出的表观活化能值差异较大，实验中常以转化率为 40%～70%计算出的活化能为准。为减小求解值的误差，实验中对转化率为 40%～70%的表观活化能求解平均，大小为271.7kJ/mol。

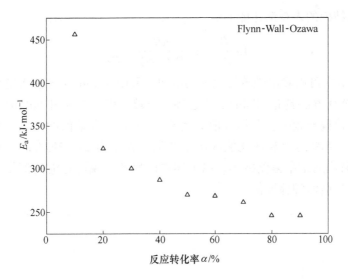

图 6-5　不同转化率下的反应活化能

表 6-1　不同转化率下的表观活化能值及线性拟合时的相关系数

反应转化率 α/%	表现活化能 E/kJ·mol^{-1}	R
10	456.020	0.88544
20	323.776	0.92233
30	300.586	0.94137
40	287.111	0.9464
50	270.234	0.93652
60	268.544	0.96011
70	261.070	0.95577
80	245.432	0.96659
90	245.168	0.98605

6.1.1.2 Kissinger 法

由公式（6-2）知：在不同的升温速率 β 下，当 α 相同时 $G(\alpha)$ 为一定值，则通过 $\lg\dfrac{\beta}{T^2}$ 对 $\dfrac{1}{T}$ 作图可以求出不同反应的活化能。当 $E_a \geqslant \mathrm{kJ/mol}$，Kissinger 方法可以得出精确的表观活化能的值。

$$\ln\frac{\beta}{T^2} = \ln\frac{AR}{E_a G(\alpha)} - \frac{E_a}{RT} \tag{6-2}$$

从图 6-6 中可以看出随着转化率的增加，采用 Kissinger 方法求解出表观活化能的值与 FWO 方法具有相同的变化趋势。当转化率为 10% 和 90% 时，计算出的表观活化能值偏差较大，具体数值见表 6-2。为减小求解值的误差，实验中对转化率为 40%~70% 的表观活化能求解平均值，大小为 274.3kJ/mol。数值的大小与 FWO 求解出的结果偏差极小。以上述求解出的表观活化能的值作为不同机理函数求解活化能值的验证值。

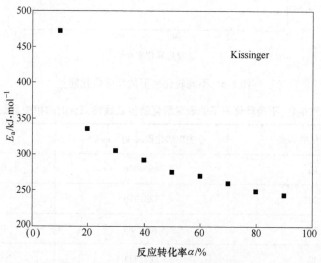

图 6-6　不同转化率下的反应活化能值

表 6-2　不同转化率下的表观活化能值及线性拟合时的相关系数

反应转化率 α/%	表观活化能 E_a/kJ · mol^{-1}	R
10	472.410	0.8654
20	335.716	0.93262
30	305.199	0.93652

反应转化率 α/%	表观活化能 $E_a/\mathrm{kJ \cdot mol^{-1}}$	R
40	292.088	0.94
50	275.516	0.9386
60	270.221	0.95291
70	259.362	0.95869
80	248.339	0.9623
90	243.297	0.98748

6.1.1.3 Coats-Redfern 方程的应用

Coats-Redfern 方程式的表达如下：

$$\ln\left(\frac{G(\alpha)}{T^2}\right) = \ln\left(\frac{AR}{\beta E_a}\right) - \frac{E_a}{R} \cdot \frac{1}{T} \tag{6-3}$$

式中　$G(\alpha)$——反应机理函数的积分表达式；

　　　T——对应转化率下的 K 氏温度值，K；

　　　β——对应转化率下的升温速率，K/min。

Coats-Redfern 求解动力学"三因子"的思路为：将单一升温速率下的不同转化率所对应的温度值代入方程，通过线性回归拟合得出合理的反应机理函数、表观活化能的值和指数前因子。采用这种方法求解表观活化能的同时可以较方便地给出合理的反应动力学机理函数。但在采用单一升温速率求解动力学"三因子"的过程中会出现很多难以解决的困难，例如：同一组数据 (α_j, T_j) 求解出多种反应机理函数 G_i 与之匹配，表现出较好的拟合结果。这时化学反应的反应机理函数难以确定。同一组数据 (α_j, T_j) 仅有一种反应机理函数与之对应，且其活化能的值与 Model-free 的方法求解出活化能的数值比较接近，此时的结果也很有可能与实际的化学反应机理偏差较大。这是由于 Coats-Redfern 方程在引入机理函数时，采用的是积分函数 $G(\alpha)$，而 Model-free 法处理时，有可能采用了机理函数的微分形式 $f(\alpha)$，在此过程中积分函数引入了常数项，使得后面的处理结果产生偏差。即使都采用同一种形式机理函数，由于数学处理方法的不同也会造成反应模型求解动力学因子的值与 Model-free 求解值的偏差。反应机理函数与名称对照见表6-3。

综上分析，本实验在原有的方程上，进行了数据处理方法的改进，即采用多重扫描速率得出的结果进行动力学分析。表达式如下：

$$\ln\left(\frac{G(\alpha_{ij})}{T_{ij}^2}\right) = \ln\left(\frac{AR}{\beta_i E_a}\right) - \frac{E_a}{R} \cdot \frac{1}{T_{ij}} \tag{6-4}$$

式中 α_{ij} ——升温速率 β_i 条件下的转化率值;

     $G(\alpha_{ij})$ ——反应机理函数的积分表达式;

      T_{ij} ——升温速率 β_i 条件下对应转化率的 K 氏温度值,K;

      β_i ——升温速率,K/min。

通过多重扫描速率下的数据 (α_{ij}, T_{ij}) 可以求解出其对应的速率下的动力学因子,对比不同升温速率下的求解结果。

表 6-3 反应机理函数与名称对照表[6,7,13,14]

序号	符号	函数名称	积分函数 $G(\alpha)$
1	P1/4	Mample Power law	$\alpha^{1/4}$
2	P1/3	Mample Power law	$\alpha^{1/3}$
3	P1/2	Mample Power law	$\alpha^{1/2}$
4	P3/2	Mample Power law	$\alpha^{3/2}$
5	R1	Power law	α
6	R2	Power law	$1 - (1 - \alpha)^{1/2}$
7	R3	Power law	$1 - (1 - \alpha)^{1/3}$
8	F1/3	One-third order	$1 - (1 - \alpha)^{2/3}$
9	F3/4	Three-quarters order	$1 - (1 - \alpha)^{1/4}$
10	A1	Avrami-Erofeev eq.	$-\ln(1 - \alpha)$
11	F3/2	One and a half order	$(1 - \alpha)^{-1/2} - 1$
12	F2	Second order	$(1 - \alpha)^{-1} - 1$
13	F3	Third order	$(1 - \alpha)^{-2} - 1$
14	A3/2	Avrami-Erofeev eq.	$[-\ln(1 - \alpha)]^{2/3}$
15	A2	Avrami-Erofeev eq.	$[-\ln(1 - \alpha)]^{1/2}$
16	A3	Avrami-Erofeev eq.	$[-\ln(1 - \alpha)]^{1/3}$
17	A4	Avrami-Erofeev eq.	$[-\ln(1 - \alpha)]^{1/4}$
18	D1	Parabolic law	α^2
19	D2	Valensi eq.	$\alpha + (1 - \alpha)\ln(1 - \alpha)$
20	D3	Jader eq.	$[1 - (1 - \alpha)^{1/3}]^2$
21	D4	Ginstling-Brounstein eq.	$1 - 2\alpha/3 - (1 - \alpha)^{2/3}$
22	D5	Zhuravlev eq.	$[(1 - \alpha)^{-1/3} - 1]^2$
23	D6	Anti-Jander eq.	$[(1 + \alpha)^{1/3} - 1]^2$
24	D7	Anti-Ginstling-Brounstein eq.	$1 + 2\alpha/3 - (1 + \alpha)^{2/3}$

续表 6-3

序号	符号	函数名称	积分函数 $G(\alpha)$
25	D8	Anti-Zhuravlev eq.	$[(1+\alpha)^{-1/3}-1]^2$
26	G1		$1-(1-\alpha)^2$
27	G2	其他动力函数	$1-(1-\alpha)^3$
28	G3		$1-(1-\alpha)^4$
29	G4		$[-\ln(1-\alpha)]^2$
30	G5		$[-\ln(1-\alpha)]^3$
31	G6	不确定机理	$[-\ln(1-\alpha)]^4$
32	G7		$[1-(1-\alpha)^{1/2}]^{1/2}$
33	G8		$[1-(1-\alpha)^{1/3}]^{1/2}$

动力学三因子应该没有较大的变化，因此可以初步确定所需的结果，即反应机理函数、化学反应表观活化能和指数前因子。为了得到较为可靠的结果，以 Model-free 法（FWO 和 Kissinger）得出的数值为参考，最终确定化学反应的特征。本书对表 6-3 中列出常用的 33 个反应机理函数[6,7,13,14]进行了拟合分析，拟合结果见表 6-4。

从表 6-4 可以看出反应机理函数 D_1、$F_{1/3}$、R_1、$P_{3/2}$ 和 D_7 的拟合结果在不同的升温速率下都表现出较好的拟合效果和一致性。图 6-7 中为不同反应机理函数与 Model-free 法（FWO 和 Kissinger）求解出表观活化能值。由图 6-7 可以看出升温速率增加，求解出的活化能数值有减小的趋势。图中可以看出反应模型 $F_{1/3}$ 和 $P_{3/2}$ 求解出的活化能数值与 Model-free 法求解出的活化能数值较为接近。当升温速率较大时，化学反应的传热和传质都受到很大影响，因此书中以低升温速率下得出的结果为主要参考值。从图 6-7 中可以看出模型 $F_{1/3}$ 得出的活化能数值与 Model-free 求解出结果极为接近。因此可以判定铁掺杂后，前驱体在 300~500℃ 范围内发生的化学反应机理函数为 $F_{1/3}$，即化学反应级数为 1/3 反应模型。

表 6-4　反应机理函数在多重升温速率下的拟合分析

序号	符号	升温速率				
		5K/min	10K/min	15K/min	20K/min	30K/min
1	P1/4	0.995	0.996	0.994	0.991	0.934
2	P1/3	0.995	0.996	0.994	0.992	0.943
3	P1/2	0.996	0.997	0.995	0.993	0.951
4	P3/2	0.996	0.997	0.996	0.994	0.959

序号	符号	升温速率				
		5K/min	10K/min	15K/min	20K/min	30K/min
5	R1	0.996	0.997	0.995	0.994	0.957
6	R2	0.994	0.988	0.987	0.991	0.982
7	R3	0.990	0.982	0.981	0.987	0.988
8	F1/3	0.996	0.992	0.991	0.993	0.975
9	F3/4	0.988	0.978	0.978	0.985	0.990
10	F1	0.979	0.966	0.966	0.975	0.995
11	F3/2	0.953	0.933	0.935	0.949	0.994
12	F2	0.921	0.895	0.898	0.917	0.983
13	F3	0.857	0.824	0.828	0.852	0.949
14	A3/2	0.978	0.964	0.965	0.975	0.997
15	A2	0.978	0.963	0.963	0.973	0.994
16	A3	0.976	0.960	0.960	0.971	0.993
17	A4	0.975	0.957	0.957	0.968	0.993
18	D1	0.996	0.997	0.996	0.994	0.960
19	D2	0.996	0.993	0.992	0.994	0.975
20	D3	0.991	0.982	0.982	0.988	0.988
21	D4	0.995	0.990	0.989	0.992	0.980
22	D5	0.964	0.946	0.948	0.960	0.996
23	D6	0.995	0.998	0.997	0.994	0.950
24	D7	0.996	0.998	0.997	0.994	0.954
25	D8	0.993	0.998	0.996	0.991	0.939
26	G1	0.972	0.985	0.982	0.971	0.886
27	G2	0.929	0.949	0.946	0.927	0.808
28	G3	0.880	0.904	0.900	0.877	0.732
29	G4	0.980	0.967	0.967	0.976	0.995
30	G5	0.980	0.967	0.968	0.977	0.995
31	G6	0.980	0.967	0.968	0.977	0.995
32	G7	0.993	0.987	0.986	0.990	0.980
33	G8	0.990	0.980	0.980	0.986	0.988

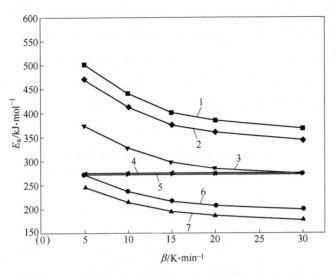

图 6-7 不同机理函数和 Model-free 法求解出表观活化能值

1—D1；2—D7；3—P3/2；4—Kissinger；5—FWO；6—F1/3；7—R1

在合成铁掺杂正极的焙烧过程中，由于 300~500℃温度范围内的控速步骤是级数为 1/3 化学反应过程，为优化材料的合成工艺及加快反应的进行，实验中采用通入压缩空气降低产物浓度来加快化学反应的进行。

6.1.2 Fe 掺杂量的不同对结构和形貌的影响

实验中合成了含铁量 $y = 0.475$，0.45 和 0.425 三种组分的材料，分别标记为 20121Fe5、20121Fe10、20121Fe15，具体的制备工艺过程如图 6-1 所示。图 6-8 为

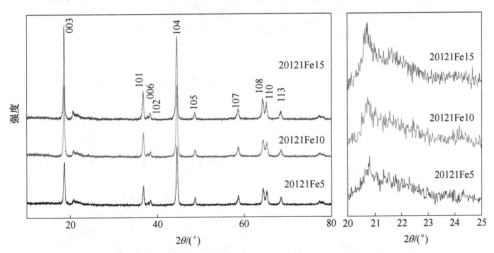

图 6-8 含铁正极材料 $0.5Li_2MnO_3 \cdot 0.5LiMn_yNi_yFe_{1-2y}O_2$ 的粉末衍射图

不同铁含量掺杂后的正极材料粉末衍射图，从图中可以看出，除 20°~24°超晶格衍射峰外，其他衍射峰均与 α-NaFeO$_2$衍射峰相对应，表明表面改性后的正极材料具有空间群 $R\bar{3}m$ 的 α-NaFeO$_2$结构。掺杂后的正极材料衍射峰（108）/（110）、（006）/（102）具有明显的分裂，从表 6-5 中可以看出 c/a 的值均大于 4.98，这说明掺杂后的正极材料都形成了良好的层状结构。随着铁含量的增加，正极材料的衍射峰增强，且超晶格衍射峰的相对强度增加，分裂也更加明显。

表 6-5　Fe 掺杂前后正极材料的晶胞参数

样品	空间群	$a/10^{-10}$m	$b/10^{-10}$m	$c/10^{-10}$m	c/a	$V/10^{-30}$m^3
20121	$R\bar{3}m$	2.8635	2.8635	14.2753	4.9853	101.37
20121Fe5	$R\bar{3}m$	2.8622	2.8622	14.2703	4.9858	101.24
20121Fe10	$R\bar{3}m$	2.8611	2.8611	14.2629	4.9851	101.11
20121Fe15	$R\bar{3}m$	2.8624	2.8624	14.2725	4.9826	101.27

从图 6-9 中看出 Fe 掺杂后的颗粒尺寸小于基体材料，随着 Fe 掺杂量的增加，颗粒形貌和尺寸的变化并不明显。当 $y=0.425$ 时，材料有熔融的现象，致密度也得到提高。图 6-10 为 $y=0.45$ 时含铁材料的透射电镜图。图中颗粒除个别粒径为 200nm 左右外，大多数颗粒的粒径约为 50nm，远小于基体材料。为分析大晶粒的形成是否是由成分的不同引起的，对图 6-10 中的 A、B 两个区域进行能谱扫

图 6-9　不同含量 Fe 元素掺杂后的正极材料形貌图

(a), (b) 20121; (c), (d) 20121Fe5; (e), (f) 20121Fe10; (g), (h) 20121Fe15

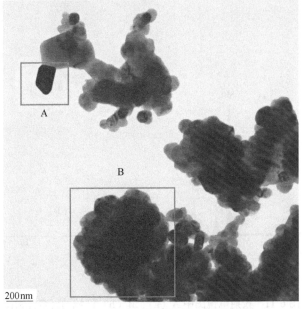

图 6-10　20121Fe10 试样明场投射电镜图

描，结果如图 6-11 所示。表 6-6 为对应过渡金属的含量。从表中可以看出能谱的测量结果尽管与理论值有所偏差，但相差不大，同时由于算选区域较小会带来一定的测量误差，可以认为 Fe 元素均匀掺杂于结构中。

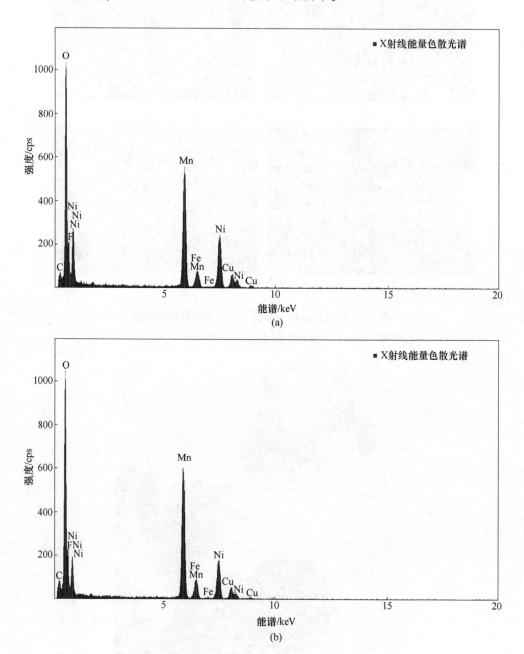

图 6-11　投射电镜图中 A（a）、B（b）区域的元素能谱图

表 6-6 不同区域过渡金属原子含量及相对比例

区域	原子分数/%			(Mn+Ni)/Fe 含量比理论值	(Mn+Ni)/Fe 含量比理论值
	Mn	Ni	Fe		
A	13.47	6.85	1.01	19	20.12
B	14.22	4.85	1.07		17.82

6.1.3 Fe 掺杂量的不同对电化学性能的影响

图 6-12 为采用不同倍率，电压范围为 2.5~4.7V 进行充放电的倍率性能图。当充放电电流为 0.1C 时，随着 Fe 掺杂量的增加容量呈线性下降趋势，但 20121Fe5、20121Fe10 循环稳定性均优于基体材料。0.2C、0.5C 进行充放电时，掺杂少量 Fe 的正极材料 20121Fe5 的比容量略高于基体，但明显高于 20121Fe10 材料。高于 1C 倍率循环时，基体材料比容量大幅衰减，20121Fe10 比容量具有良好的稳定性，通过 BET 测试表明基体材料的比表面积为 $7.275m^2/g$，掺铁后的正极材料 20121Fe10 的比表面积为 $10.287m^2/g$，因而铁掺杂有效降低了材料的颗粒粒径，缩短了锂离子脱嵌过程中的扩散路径，降低了材料的阻抗，提高了材料的倍率性能和循环性能。从图 6-12 和图 6-13 中看出，20121Fe5 具有高的放电比容量和倍率性能，表现出好的综合电化学性能。当 Fe 含量较高时（20121Fe15），材料的晶粒堆积密实且晶粒较大，不利于锂离子的扩散，使得倍率和循环性能恶化。

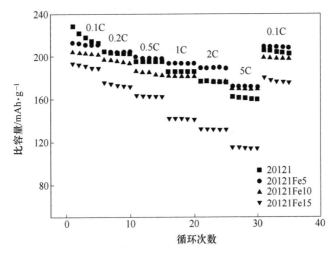

图 6-12 基体材料与不同量的铁掺杂后正极材料的倍率性能图

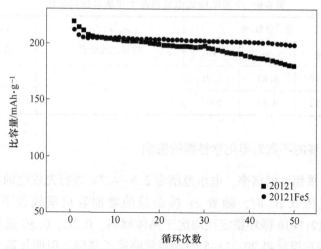

图 6-13　0.2C，2.5~4.7V 下基体材料与铁掺杂后正极材料的循环性能图

6.2　0.5Li$_2$MnO$_3$·0.5LiMn$_{0.5}$Ni$_{0.5}$O$_2$正极材料的 Co 掺杂

本小节采用图 6-14 所示的合成工艺，合成 0.5Li$_2$MnO$_3$·0.5LiMn$_y$Ni$_y$Co$_{1-2y}$O$_2$中 $y=1/6$，1/3 和 5/12 三种含钴系列的富锂锰基层状正极材料，为了便于描述和后续的分析，分别记为 2012C1、2012C2 和 2012C3。

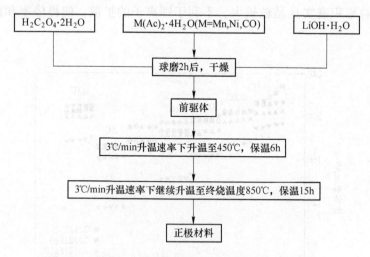

图 6-14　低热固相合成掺杂 Co 正极材料的工艺流程图

6.2.1　Co 掺杂正极材料的结构特征和形貌分析

图 6-15 为不同钴含量掺杂后的正极材料粉末衍射图，从图中可以看出，

除 20°~24°超晶格衍射峰外，其他衍射峰均与 α-NaFeO$_2$衍射峰相对应，表明表面改性后的正极材料具有空间群 $R\bar{3}m$ 的 α-NaFeO$_2$结构。掺杂后的正极材料衍射峰（108）/（110）、（006）/（102）具有明显的分裂，从表 6-7 中可以看出 c/a 的值均大于 4.98，这说明掺杂后的正极材料都形成了良好的层状结构。另外，可以看出随着 Co 掺入量的增加，晶格参数 a、c 的值呈单调递减的趋势。为清楚地反映这一变化趋势，以晶胞参数随化学式中（$1-2y$）的值的变化作图，结果如图 6-16 所示。

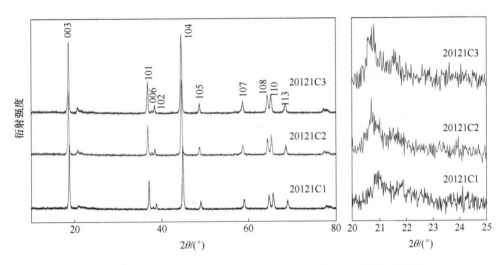

图 6-15 正极材料 0.5Li$_2$MnO$_3$·0.5 LiMn$_y$Ni$_y$Co$_{1-2y}$O$_2$的粉末衍射图

表 6-7 Co 掺杂前后正极材料的晶胞参数

样品	空间群	$a/10^{-10}$m	$b/10^{-10}$m	$c/10^{-10}$m	c/a	$V/10^{-30}$m^3
20121C1	$R\bar{3}m$	2.8390	2.8390	14.1811	4.9951	98.99
20121C2	$R\bar{3}m$	2.8536	2.8536	14.2399	4.9902	100.42
20121C3	$R\bar{3}m$	2.8567	2.8567	14.2495	4.9881	100.71
20121	$R\bar{3}m$	2.8635	2.8635	14.2753	4.9853	101.37

从图 6-16 中还可以看出晶胞的体积随着掺 Co 量的增加呈逐渐减少的趋势。这是因为与正极材料中的其他两种过渡金属离子 Mn^{4+}（0.540）和 Ni^{2+}（0.700）相比，Co^{3+}（0.525）具有较小的离子半径。c/a 的值随着 Co 含量的增加从基体材料的 4.9853 增加至 4.9951。

图 6-17 为基体材料和不同掺 Co 量后的正极材料场发射扫描电镜图。图中可以看出掺杂 Co 后材料的粒径均大于基体材料；当掺 Co 量最大时，0.5Li$_2$MnO$_3$·

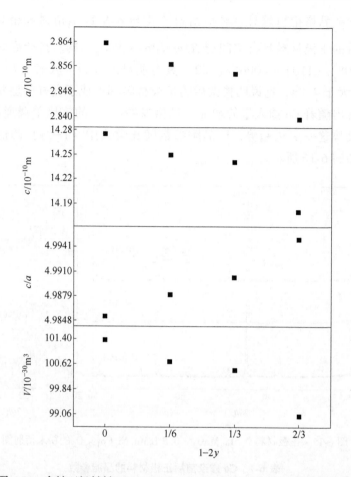

图 6-16　含钴正极材料 $0.5Li_2MnO_3 \cdot 0.5LiMn_yNi_yCo_{1-2y}O_2$ 的晶格参数

$0.5LiMn_{1/6}Ni_{1/6}Co_{2/3}O_2$ 颗粒的粒径分布为 150~350nm 之间，明显大于低掺 Co 量的组分，说明 Co 的掺入利于晶粒的长大。

(a)　　　　　　　　　　　　　　　(b)

图 6-17   基体材料和不同掺 Co 量后的正极材料场发射扫描电镜图

(a)，(b) 20121；(c)，(d) 20121C1；(e)，(f) 20121C2；(g)，(h) 20121C3

6.2.2   Co 掺杂材料的电化学性能

图 6-18 为采用 0.2C 电流，在 2.5～4.7V 电压范围内放电容量曲线图。从图中可以看出 Co 元素掺杂后的放电比容量皆高于基体材料。基体材料与 $y = 1/6$，1/3，5/12 的首次放电比容量分别为 219mAh/g、246mAh/g、254mAh/g 和 258mAh/g；20121C1（$y = 1/6$）和 20121C2（1/3）都表现出良好的循环稳定性，这是由于 Co 元素的加入改善了材料的电子电导率，降低了材料循环中的阻抗值，利于放电比容量和循环稳定性的提高。20121C3（$y = 5/12$）尽管具有高的首次的放电比容量，但在循环过程中，容量衰减较快，但循环后期出现容量提升的现

象。这可能是由于 20121C3 具有相对较高的镍含量，放电过程中具有高的放电比容量，但镍四价离子的存在加速了高压下电解液的氧化，导致了容量的衰减；而后期容量的提升，是由于部分锰离子参与充放电过程中的氧化还原反应，出现一定的层状相向类尖晶石转变的现象，在提升了材料放电比容量的同时，导致循环性能的恶化。

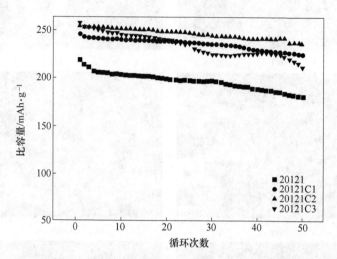

图 6-18　0.2C，2.5~4.7V 下，基体材料与不同钴量掺杂正极材料的循环性能图

6.3　本章小结

通过本章内容可知：

（1）通过对 300~500℃ 温度范围内的化学反应进行非等温热分析动力学分析可知：Fe 掺杂后的前驱体在 300~500℃ 温度范围内时，发生化学反应过程的控速步骤是反应级数为 1/3 的化学反应控速过程。为优化材料的合成工艺，加快反应的进行，实验中采用通入压缩空气降低产物浓度来加快化学反应的进行。

（2）铁掺杂后的正极材料其衍射峰除 20°~24° 超晶格衍射峰外，其他衍射峰均与 α-NaFeO$_2$ 衍射峰相对应，表明表面改性后的正极材料具有空间群 $R\bar{3}m$ 的 NaFeO$_2$ 结构。掺杂后的正极材料衍射峰 (108)/(110)、(006)/(102) 具有明显的分裂，晶格参数 c/a 的值均大于 4.98，掺杂后的正极材料形成了良好的层状结构。

（3）通过 BET 测试表明基体材料的比表面积为 7.275m^2/g，掺铁后的正极材料 0.5Li$_2$MnO$_3$·0.5LiMn$_{0.45}$Ni$_{0.45}$Fe$_{0.1}$O$_2$ 的比表面积为 10.287m^2/g，铁掺杂细化了材料的晶粒，缩短了锂离子脱嵌过程中的扩散路径，降低了材料的阻抗，提高了材料的倍率性能和循环性能。

（4）不同钴含量掺杂后的正极材料粉末衍射峰除超晶格峰外，其他的衍射峰均属于 α-NaFeO$_2$ 结构。掺杂后的正极材料衍射峰（108）/（110）、（006）/（102）具有明显的分裂，掺杂后的正极材料都形成了良好的层状结构。另外，随着 Co 掺入量的增加，晶格参数 a、c 以及晶胞体积的值呈单调递减的趋势。

（5）采用 0.2C 电流，在 2.5~4.7V 电压范围对基体材料和掺杂钴后的正极材料 0.5Li$_2$MnO$_3$·0.5LiMn$_y$Ni$_y$Co$_{1-2y}$O$_2$ 充放电测试表明：钴的掺杂能够大幅提升材料的放电比容量，其中，$y=5/12$ 的首次放电比容量最高为 258mAh/g。当 $y=1/3$ 时，材料具有良好的综合电化学性能。

（6）掺杂钴后的正极材料 20121C3（$y=5/12$）放电过程中具有高的放电比容量，但镍四价离子的存在加速了高压下电解液的氧化，且部分锰离子参与充放电过程中的氧化还原反应，出现一定的层状相向类尖晶石转变的现象，导致循环性能的恶化。

参 考 文 献

[1] Li D, Lian F, Qiu W H, et al. Fe content effects on electrochemical properties of 0.3Li$_2$MnO$_3$·0.7LiMn$_x$Ni$_x$Fe$_{(1-2x)/2}$O$_2$ cathode materials [J]. Adv. Mater. Res., 2011, 347-353: 3518-3521.

[2] Zhang P, Li X, Luo Z, et al. Kinetics of synthesis olivine LiFePO$_4$ by using a precipitated-sintering method [J]. J. Alloy. Compd., 2009, 467 (1-2): 390-396.

[3] Yu B T, Qiu W H, Li F S, et al. Kinetic study on solid state reaction for synthesis of LiBOB [J]. J. Power Sources, 2007, 174 (2): 1012-1014.

[4] MSllek J. The kinetic analysis of non-isothermal data [J]. Thermochim. Acta, 1992, 200: 257-269.

[5] Criado J M, Sánchez-Jiménez P E, Pérez-Maqueda L A. Critical study of the isoconversional methods of kinetic analysis [J]. J. Therm. Anal. Calorim., 2008, 92: 199-203.

[6] Vyazovkin S, Burnham A K, Criado J M, et al. Ictac kinetics committee recommendations for performing kinetic computations on thermal analysis data [J]. Thermochim. Acta, 2011, 520 (1-2): 1-19.

[7] Janković B, Adnađević B, Mentus S. The kinetic analysis of non-isothermal nickel oxide reduction in hydrogen atmosphere using the invariant kinetic parameters method [J]. Thermochim. Acta, 2007, 456 (1): 48-55.

[8] Mostaan H, Karimzadeh F, Abbasi M H. Non-isothermal kinetic studies on the formation of Al$_2$O$_3$ composite [J]. Thermochim. Acta, 2010, 511 (1-2): 32-36.

[9] Vlaev L, Nedelchev N, Gyurova K, et al. A comparative study of non-isothermal kinetics of decomposition of calcium oxalate monohydrate [J]. J. Anal. Appl. Pyrolysis, 2008, 81 (2):

253-262.

[10] Vyazovkin S, Wight C A. Model-free and model-fitting approaches to kinetic analysis of isothermal and nonisothermal data [J]. Thermochim. Acta, 1999, 340-341: 53-68.

[11] Ptáček P, Šoukal F, Opravil T, et al. The kinetic analysis of the thermal decomposition of kaolinite by dtg technique [J]. Powder Technol. , 2011, 208 (1): 20-25.

[12] Sánchez-Jiménez P E, Pérez-Maqueda L A, Perejón A, et al. Combined kinetic analysis of thermal degradation of polymeric materials under any thermal pathway [J]. Polym. Degrad. Stabil. , 2009, 94 (11): 2079-2085.

[13] Ptáček P, Kubátová D, Havlica J, et al. The non-isothermal kinetic analysis of the thermal decomposition of kaolinite by thermogravimetric analysis [J]. Powder Technol. , 2010, 204 (2-3): 222-227.

[14] Criado J M, Ortega A, Gotor F. Correlation between the shape of controlled-rate thermal analysis curves and the kinetics of solid-state reactions [J]. Thermochim. Acta, 1990, 157: 171-179.

7 富锂锰基层状正极材料的表面包覆改性

晶格氧的脱出、锂/氧空位的存在以及材料局域结构的重构是富锂锰基材料首次可逆效率低，尤其是倍率性能和循环性能较差的重要原因[1~4]；而晶格氧的脱出对氧/锂空位以及材料局域结构的重构有着重要的影响[5,6]。表面包覆改性在改善界面结构的同时，能够提升材料体相结构的稳定性，从而抑制富锂锰基层状正极材料在充放电循环，尤其是首次充电过程中晶格氧的脱出。

结构稳定的磷酸盐对富锂正极材料的包覆改性能够有效减少基体与电解液的接触面积，使正极材料免于电解液侵蚀，保持充放电循环过程中结构的稳定性[6]。在磷酸盐表面改性热处理的过程中，存在 Li 离子从基体向表面改性物质扩散的现象，在表面包覆物与基体之间会形成快离子导体 Li_3PO_4，并且正极材料表面可能存在的高阻抗相 Li_2CO_3 与磷酸盐反应，在正极材料表层形成快离子导体 Li_3PO_4，从而加快了锂离子在电极/电解液界面处的扩散和电荷转移过程，提升了富锂锰基层状正极材料的导电性能，改善了材料的倍率性能。

本章选用 $AlPO_4$ 对低热固相制备出的富锂锰基层状正极材料进行表面包覆改性，除了能够使正极材料免于电解液侵蚀、消除正极材料表面残存高阻抗相 Li_2CO_3 外，$AlPO_4$ 能够与正极材料之间形成两种快离子导体 Li_3PO_4 和 $LiAlO_2$，更有效地改善材料的倍率性能。另外，$AlPO_4$ 改性过程中，所需原料价格低廉，工艺简单，有着较好的应用前景。

7.1 $AlPO_4$ 表面改性富锂锰基层状正极材料的制备

图 7-1 为表面改性正极材料的工艺流程，具体操作过程为：分别将 $Al(NO_3)_3 \cdot 9H_2O$ 和 $(NH_4)_2HPO_4$ 配置成所需溶液，然后将 $(NH_4)_2HPO_4$ 的水溶液缓慢加入 $Al(NO_3)_3 \cdot 9H_2O$ 中，在此过程充分混合，当反应至形成 $AlPO_4$ 纳米胶溶液后，再将 $0.5Li_2MnO_3 \cdot 0.5LiMn_{0.5}Ni_{0.5}O_2$ 正极材料加入，均匀混合，最后于 120℃下干燥 6h，制备出正极材料改性后前驱体。将获得的前驱体在 400℃焙烧 5h 获得改性产物。其中试验中改性量的不同是通过 $Al(NO_3)_3 \cdot 9H_2O$ 和 $(NH_4)_2HPO_4$ 溶液的浓度进行控制。

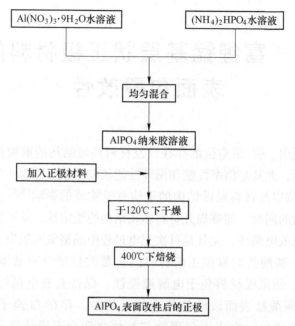

图 7-1 AlPO₄表面改性正极材料的工艺流程

7.2 AlPO₄表面改性后正极材料的结构与形貌

实验中对富锂锰基层状正极材料 20121，采用了质量分数为 1%、2%、3%的三种不同量的 AlPO₄ 进行包覆改性，获得改性后的材料，分别标记为 20121P1、20121P2、20121P3。图 7-2 为 AlPO₄ 改性后的正极材料粉末衍射图，从图中可以

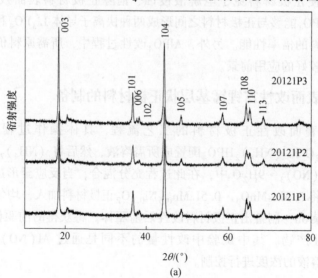

(a)

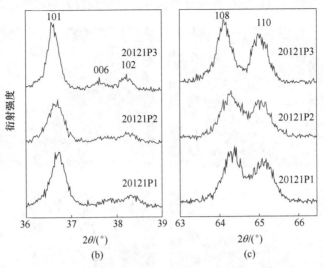

图 7-2　不同量的 AlPO₄ 改性后正极材料的衍射图

（a）10°~80°；（b），（c）局部放大图

看出：除由 Li/Mn 在过渡金属层排列引起的 20°~24°超晶格衍射峰外，其他衍射峰均与 α-NaFeO₂ 衍射峰相对应，表明采用表面改性后的正极材料具有空间群 $R\bar{3}m$ 的 α-NaFeO₂ 结构。改性后的正极材料衍射峰（108）/（110）、（006）/（102）具有明显的分裂，表 7-1 中 c/a 的值均大于 4.98，这说明改性后的正极材料都形成了良好的层状结构；另外，20°~24°超晶格衍射峰的存在也说明 AlPO₄ 的表面改性并没有破坏材料的主体结构。

表 7-1　AlPO₄ 改性后正极材料的晶胞参数

样品	空间群	$a/10^{-10}$ m	$b/10^{-10}$ m	$c/10^{-10}$ m	c/a	$V/10^{-30}$ m³
20121	$R\bar{3}m$	2.8635	2.8635	14.2753	4.9853	101.37
20121P1	$R\bar{3}m$	2.8637	2.8637	14.2662	4.9817	101.32
20121P2	$R\bar{3}m$	2.8610	2.8610	14.2691	4.9875	101.15
20121P3	$R\bar{3}m$	2.8679	2.8679	14.3119	4.9826	101.94

图 7-3 为 AlPO₄ 改性后的正极材料形貌图。从图 7-3（a）、（c）、（e）、（g）中可以看到基体材料的颗粒表面光滑，颗粒边界较清晰，且颗粒的粒径比较均匀；而改性后的材料颗粒团聚较为严重，没有清晰的边界，表面模糊。从图 7-3（b）、（d）、（f）、（h）中能够明显的观察到：当改性量较低时，在大颗粒的表面仅附着少量无明显晶界的细小颗粒，随着改性量的逐渐增加有更多的细小颗粒团聚在一起附着在大颗粒的表面；当改性的量达到最大值时，在图 7-3（h）中可

以看出附着在大颗粒表面的小颗粒逐渐长大，且个别较大颗粒的出现。

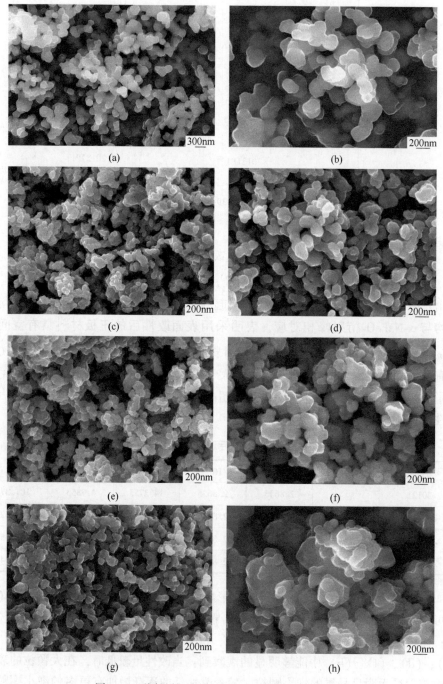

图 7-3　不同量的 AlPO$_4$ 改性后正极材料的形貌图

(a)，(b) 20121；(c)，(d) 20121P1；(e)，(f) 20121P2；(g)，(h) 20121P3

7.3　AlPO₄表面改性后正极材料的电化学性能

　　为理解磷酸铝改性后正极材料在充放电过程中可能发生的氧化还原反应以及对应的电压区间，分别对基体材料、不同量的磷酸铝材料 2012P2 和 2012P3 进行循环伏安测试，如图 7-4 所示。从图 7-4（a）中可以看出合成的正极基体材料在首次正扫过程中，于 3.53V 开始出现氧化峰，它对应于 Ni^{2+} 经过 Ni^{3+} 氧化成为 Ni^{4+}；随着电压升高至 4.5V 时，一个高压氧化峰的斜率发生了变化且更加尖锐，在第二和第三次的检测过程中消失，这表明此氧化峰对应于富锂材料中 Li_2MnO_3

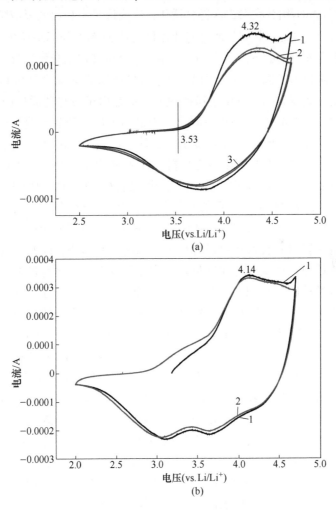

图 7-4　AlPO₄改性前后材料的循环伏安曲线

（a）20121；（b）20121P2

1—首次循环；2—第 2 次循环；3—第 3 次循环

组分的活化过程，即正极材料中锂与氧的共同脱出。从图 7-4（a）中可以看出 Ni 的氧化峰与"Li_2O"的脱出峰呈现大面积的重叠现象。反向扫描的过程中发现，在 4.4V 左右时曲线的斜率发生明显的改变；当电压降至 3.75V 时，电流达到峰值，这是由于 Ni^{4+} 开始被还原，对应于锂离子占据了材料结构中的四面体位置；在 3.75V 反应速度达到最大值，此还原峰对应于 3.5V 左右的氧化峰。图 7-4（a）Ni^{4+} 还原峰的明显宽化是由 Mn^{4+} 还原成 Mn^{3+} 引起的；图中没有出现明显的 Mn^{4+} 还原峰，在第二圈的氧化峰中，高于 4.5V 的电压时仍出现一个较小的氧化峰，该峰的强度和峰面积均远低于首次对应区间的氧化峰，说明材料在首次氧化过程中没有完全活化的 Li_2MnO_3 组分在第二次部分活化，这或许是由材料的反应阻抗较大或扫描速率过快所致。Singh 等人[1]通过对比不同扫描速率下的循环伏安曲线图发现：低扫描速率下富锂材料的首次 Ni^{2+} 和高压下 Li、O 的脱出氧化峰明显分裂，峰形也较尖锐。第二圈和第三圈循环中可以看出：Ni^{4+} 还原峰逐渐向低电位偏移，同时 3.0~3.25V 之间曲线斜率也发生轻微的改变，这是由于参与还原反应的 Mn^{4+} 量逐渐增多引起的。图 7-4（b）中可以看出，当采用少量的磷酸铝改性后，首次还原过程中，还原峰被清晰地分裂为两部分，分别对应于 Ni^{4+} 和 Mn^{4+} 的还原。第二圈 3.0~3.25V 之间曲线斜率的变化表明材料中存在 Mn^{3+} 的氧化，这说明材料中可能同时存在过渡金属 Mn^{3+} 和 Mn^{4+}，形成了层状-尖晶石共存的结构特征。

图 7-5 为基体材料与改性后的富锂锰基层状正极材料，在 2.5~4.7V，以 0.1C 的电流进行充放电时的循环性能图。从表 7-2 中可以看出随着磷酸铝量的增加，首次充电比容量和首次不可逆容量呈单调递减的趋势，同时，首次可逆效率呈单调递增的趋势；首次放电比容量则先增加后减少，但比容量的值皆高于基体材料。表面改性后的电极材料，经过电化学反应，Al 扩散到电极材料晶格内部与氧形成很强的 Al—O，抑制了电极材料结构中 O 离子空位的扩散，更好地保留氧离子空位，从而降低了首次充电比容量，减少首次不可逆容量的损失。图 7-5 表明，通过 20 次循环后，1%（质量分数）$AlPO_4$ 改性后的正极材料与基体材料具有相同的容量保持率，而 $AlPO_4$ 的量较高时，循环稳定性不如基体材料。图 7-6 为基体材料与改性后的富锂锰基层状正极材料，在 2.5~4.7V 电压范围内的倍率性能图。从图中可以看出，在低倍率下 $AlPO_4$ 的改性能够有效提升材料的放电比容量，随着充放电速率的提升，改性后的材料循环稳定性和比容量出现了分化。少量的 $AlPO_4$ 改性能够有效提升材料的倍率性能，当表面改性物 $AlPO_4$ 的量为 3%（质量分数）时，材料的倍率性能反而变差，这是由于少量的 $AlPO_4$ 对富锂锰基层状正极材料进行表面包覆改性，除了能够使正极材料免于电解液侵蚀、消除正极材料表面残存高阻抗相 Li_2CO_3 外，$AlPO_4$ 能够与正极之间形成两种快离子导体 Li_3PO_4 和 $LiAlO_2$，能够更加有效地改善材料的倍率性能；表面改性物 $AlPO_4$ 过多时，则会在材料的表面形成局部富集，阻碍锂离子在界面位置的传输，且由

于自身并不导电,因而材料的倍率性能和循环稳定性反而有所降低。

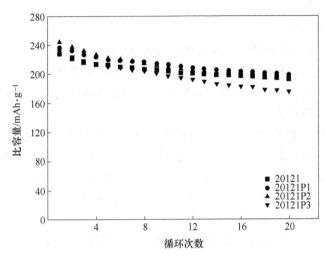

图 7-5 2.5~4.7V,0.1C 充放电时不同改性量材料的循环性能图

表 7-2 不同改性量改性后正极材料的电化学性能

样品	首次循环充电容量 /mAh·g^{-1}	首次循环放电容量 /mAh·g^{-1}	IRC[①] /mAh·g^{-1}	初始循环效率 /%	第 20 次循环后的 容量保持率[②]/%
20121	322.2	227.8	94.4	70.7	84.5
20121P1	287.6	235.8	51.8	82	84.4
20121P2	281.4	244.5	36.9	86.9	78.4
20121P3	263.8	232.3	36.5	88.1	75.5

①不可逆容量;②占首次放电比容量的百分比。

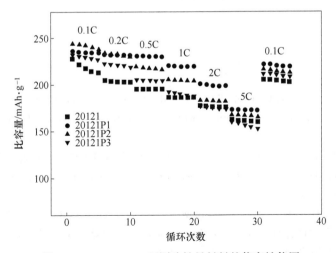

图 7-6 2.5~4.7V,不同改性量材料的倍率性能图

7.4　本章小结

由本章内容可知：

（1）采用1%、2%和3%（质量分数）的$AlPO_4$对$0.5Li_2MnO_3 \cdot 0.5LiMn_{0.5}Ni_{0.5}O_2$改性后具有与基体材料相同层状结构；通过场发射扫描电镜可以看出晶粒的表面附着大量的小颗粒，晶粒的边界变得模糊；随着改性量的增加，材料中的部分晶粒出现明显长大的现象。

（2）与基体材料相比，改性后的正极材料首次充电比容量随着$AlPO_4$量的增加而单调递减，而首次可逆效率呈线性增加的趋势；首次放电比容量先增加后减少。当$AlPO_4$量为2%（质量分数）时，放电比容量达到最大值244.5mAh/g；$AlPO_4$量为3%（质量分数）时，首次不可逆容量达到最低值36.5mAh/g，首次可逆效率则达到最高值88.1%。

（3）当以0.1C的充放电倍率，在2.5～4.7V循环20次后，$AlPO_4$量为1%（质量分数）的改性后正极材料与基体材料具有较高的容量保持率，分别为84.4%和84.5%。

（4）低倍率下，$AlPO_4$改性能够有效提升富锂锰基层状正极材料的放电比容量；放电倍率高于1C时，少量的$AlPO_4$对富锂锰基层状正极材料进行表面包覆改性，除了能够使正极材料免于电解液侵蚀、消除正极材料表面残存高阻抗相Li_2CO_3外，$AlPO_4$能够与正极材料之间形成快离子导体Li_3PO_4和$LiAlO_2$，更加有效地改善材料的倍率性能；当表面改性物$AlPO_4$的量为3%（质量分数）时，则会在材料的表面形成局部富集，阻碍锂离子在界面位置的传输，且由于自身并不导电，材料的倍率性能反而变差。1% $AlPO_4$（质量分数）改性后的富锂锰基层状正极材料具有高的放电比容量和良好的倍率性能。

参 考 文 献

[1] Gao M, Lian F, Liu H Q, et al. Synthesis and electrochemical performance of long lifespan Li-rich Li_{1+x} ($Ni_{0.37}Mn_{0.63}$)$_{1-x}O_2$ cathode materials for lithium-ion batteries [J]. Electrochim. Acta, 2013, 95: 87-94.

[2] Ma L L, Mao L, Zhao X, et al. Improving the structural stability of Li-rich layered cathode materials by constructing an antisite defect nanolayer through polyanion doping [J]. Chem Electro Chem 2017, 4: 3068-3074.

[3] Yu L, Qiu W H, Lian F, et al. Comparative study of layered $0.65Li[Li_{1/3}Mn_{2/3}]O_2 \cdot 0.35LiMO_2$ (M=Co, $Ni_{1/2}Mn_{1/2}$ and $Ni_{1/3}Co_{1/3}Mn_{1/3}$) cathode materials [J]. Mater. Lett., 2008, 62 (17-18): 3010-3013.

[4] Li D, Lian F, Qiu W H, et al. Fe content effects on electrochemical properties of 0.3Li$_2$MnO$_3$ · 0.7LiMn$_x$Ni$_x$Fe$_{(1-2x)/2}$O$_2$ cathode materials [J]. Adv. Mater. Res., 2011, 347-353: 3518-3521.

[5] 钟盛文，吴甜甜，徐宝和，等. 层状锰基材料 Li[Li$_{0.2}$Mn$_{0.54}$Ni$_{0.13}$Co$_{0.13}$]O$_2$的固相合成及电化学性能 [J]. 电源技术，2012, 36（1）: 59-62.

[6] 李栋，赖华，罗诗健，等. 富锂锰层状材料的表面包覆改性 [J]. 硅酸盐学报，2017, 45（7）: 904-915.